축하드립니다
님께
(이)가

40주의 속삭임

전 세계 엄마들의 입에서 입으로 전해 내려온 태교 동화

40주의 속삭임

글 김현경 · 그림 국형원

카시오페아
Cassiopeia

세상에는 수많은 이야기가 있습니다. 그중에서도 엄마와 아기의 첫 만남은 가장 특별하고 감동적인 이야기이지요. 너무나 소중해서 평생 반복하여 꺼내도 지루하지 않고 매번 행복하기만 합니다.

앞으로 40주. 엄청난 일들이 벌어집니다. 엄마의 감정은 널을 뛰고 생각이 많아지거든요. 기쁨과 서러움이 번갈아 몰려들고, 행복과 불안이 교차하지요. 어떤 날은 조금씩 엄마가 되어가는 자신을 보며 대견하다가도 다음 날은 '아, 과연 좋은 엄마가 될 수 있을까?' 겁이 나기도 할 거예요.

그럴 땐 분주한 마음을 잠시 내려놓고 아기와 도란도란 속삭여보세요. 좋은 엄마란 뭔가를 많이 해주는 엄마가 아니라, 아이에게 집중하는 엄마거든요.

당신은 종일 무거운 몸으로 일하느라 녹초가 되어 있을 수도 있고, 첫째를 돌보느라 태교 같은 것은 꿈도 꾸지 못한다고 할지 몰라요. 어쩌면 어떻게 대화를 시작해야 할지 잘 모르겠고, 어색하다는 생각에 망설일 수도 있고요. 그럴 때 이 책이 필요할 거예요.

하루 15분이면 됩니다. 배에 손을 얹고 책이 건네는 이야기에 집중해보세요. 소리 내어 읽기를 권해드려요. 아기에게는 '둥둥' 정도의 소리로 들리겠지만 엄마의 울림을 전해주세요. 내가 너에게 집중하고 있고 말을 건네고 있다는 것을 알려주세요. 그러다 보면 아기가 발로 배를 뻥 차거나 꾸물거리기도 하는데, 얼마나 신기하다고요. 마치 "엄마, 재미있는 이야기 고마워요" 하는 것 같아요. 지금도 그때가 정말 그리워요.

저의 아이들은 이제 일곱 살, 두 살이 되었습니다. 아이를 키우면서 엄마가 좋은 이야기꾼이 된다는 것은 꽤 쓸모가 있어요. 꿈 많은 아이, 호기심으로 가득한 아이들과 대화하려면 엄마에게 다채로운 이야깃거리가 필요하거든요. 아이가 속상해할 때, 화가 났을 때, 실망할 때 엄마에게 나누어줄 이야기가 있다면 아이는 마음 푹 놓고 자유롭게 세상을 배울 수 있습니다.

'난 이야기 같은 거 잘 못하는데 어쩌지?' 하고 걱정하지 마세요. 이야기꾼이 되기 위해 가장 먼저 할 일은 좋은 이야기들을 만나는 겁니다. 이 책을 읽으면서 조금씩 엄마의 이야기를 늘려보세요. 예를 들어 〈늙은 농부의 소원〉을 읽고 나면, "엄마가 생각하는 보물은 말이야" 하면서 말을 보태어보는 거예요. 그렇게 한 권을 다 읽고 나면 아기와 대화하는 방법을 절로 깨치게 될 거예요.

당신의 40주가 매일 웃는 날이 아니어도 괜찮습니다. 울고 웃으며 반걸음씩 엄마가 되어가고, 그 시간들이 쌓여서 우리 인생이 더 깊은 의미를 갖게 되니까요. 다시 한번 엄마라는 경이로운 세계에 오신 당신을 환영하고, 응원합니다!

김윤나 심리상담센터 '헬로스마일' 평촌점 센터장, 《말 그릇》 저자

기적처럼, 그리고 선물처럼 우리 아기가 찾아온 그날을 기억하시나요?

이제 엄마는 아기를 기다리며 하루하루 새로운 세상을 만납니다. 무심코 지나쳤던 길가의 풀이, 하늘을 물들이는 붉은 저녁 해가, 집으로 뛰어가는 아이들의 발걸음이 조금은 다르게 보일 거예요. 엄마가 아기를 품고 있는 게 아니라, 어쩌면 서로를 안아주고 있다는 생각에 마음이 뭉클해질 때도 있습니다. 내 안에 이렇게 수없이 다양한 감정이 있었는지 새삼 깨닫게 되기도 하겠지요.

아기를 만나러 가는 그 길에, 축복처럼 꽃이 피고 바람이 불고 눈이 내릴 것입니다. 두 개의 심장이 함께 뛰는, 다시 오지 않을 시간입니다.

언젠가 '엄마는 왜 열 달이나 아기를 기다려야 할까?' 하고 생각한 적이 있습니다. 이제는 어렴풋이 알겠습니다. 그 시간 동안 엄마의 마음에도 자리를 만들고,

우리 아가를 온 마음으로 맞이할 준비를 해야 한다는 것을요. 엄마에게도 시간이 필요했던 거예요. 우리는 지금 엄마가 되어가고 있습니다.

엄마가 된다는 것이 마냥 신기해 뱃속 아기에게 살며시 말을 걸어봅니다. 그래요, 아직은 좀 어색하지요. 괜찮습니다. 이제 40주 동안 아기에게 매일매일 속삭여주세요. 네가 곧 만나게 될 세상이 얼마나 아름답고 경이로운지, 이 세상에서 너와 함께할 시간이 얼마나 소중한지……. 엄마도 아기에게 속삭이며 세상을 배워갑니다. 사랑을 배워갑니다.

수백 년 동안 전 세계 엄마들 사이에서 전해 내려온 이야기에도 이런 힘이 있습니다. "옛날 옛적에"로 시작하는 이야기들 말이지요. 아주 오랫동안 입에서 입으로 전해져온 이야기, 수백 년 동안 살아남은 이야기에는 삶의 정수가 담겨 있으니까요. 인생의 지혜, 가장 중요한 가치가 살아 반짝반짝 빛납니다.

이 책은 40주 동안 엄마가 아기에게 옛이야기를 들려주며 자연스럽게 태담을 나눌 수 있도록 구성했습니다. 전 세계의 신화, 전설, 민담, 전래동화, 구전 시, 우화, 기도문 등을 모아 우리 아기에게 먼저 들려주고픈 옛이야기들을 가려 묶었습니다. 아기와 교감을 나누는 이야기이면서 엄마의 몸과 마음을 어루만지는 이야기이기도 합니다.

기원전 일본의 어느 마을에서 옛날 인도 왕궁으로, 고대 그리스에서 아프리카 은강게줄루 왕국으로, 인디언 마을에서 영국 바닷가로, 또 한국 시골 마을에서 파푸아뉴기니 산골까지 아기와 함께 여행을 떠납니다.

옛 엄마들에게 이야기는 삶의 한 부분이었습니다. 밭을 매면서, 감자를 깎고 수프를 만들면서, 다 같이 둘러앉아 밥을 먹으면서 아이들에게 이야기를 들려주었습니다. 그 이야기는 오랫동안 수많은 엄마들의 입에서 입으로 전해 내려오며 조금씩 조금씩 더해졌지요. 그래서 옛이야기에는 세상살이의 많은 것이 담겨 있습니다. 지루하지도 않아요. 옛이야기는 무엇보다 재미있습니다. 재미있게 듣다 보면 진실을 찾기도 하고 깊은 의미를 깨닫기도 합니다.

또 옛이야기에는 불가능한 일이 없습니다. 오누이가 해와 달이 되고, 재규어와 사슴이 집을 짓고, 난쟁이가 돌이 되고, 옥수수가 바구니에 저절로 착착 담깁니다. 옛이야기 속에서는 전혀 이상한 일이 아니지요. 아기와 함께 마음껏 상상하며 옛이야기 속을 신나게 누비고 다니세요. 꿈꿀 수 있는 자유를 누려보세요. 어려움을 헤쳐나갈 용기를 찾아보세요. 옛이야기가 아이들의 지능과 정서 발달에 좋은 이유가 바로 이 때문입니다.

아이들은 엄마가 들려주는 이야기와 함께 자란다고 합니다. 엄마도 그렇게 아이와 함께 성장하는 것이 아닐까요? 아기에게 이야기를 들려주면서 엄마도 단단해지고 힘이 생깁니다. 아이가 보여주는 세상을 만날 힘 말이지요. 그 힘은 아마도 사랑이라는 이름일 것입니다. 앞으로 엄마와 아이가 사랑으로 써나갈 이야기들을 온 마음으로 응원합니다.

차례

추천의 글 · 5

머리말 · 8

1장
사랑해, 사랑해

5주 * 그렇게 가족이 된다 · 23
〈우리 아들 피터〉 – 덴마크 옛이야기

6주 * 너의 이름은 · 33
〈운명의 붉은 실〉 – 일본 전설

7주 * 너의 두 손으로 · 39
〈늙은 농부의 유언〉 – 라퐁텐 우화

8주 * 노래하면 이루어질 거야 · 45
〈노마잘라의 노래〉 – 아프리카 민담

9주 * 사랑한다고 말할게 · 53
〈네 손에 언제나 할 일이 있기를〉 – 켈트족 기도문

10주 * 우리가 그리워하는 이유 · 57
〈눈사람〉 – 덴마크 동화

2장
우리 모두는
서로 연결되어 있어

11주 * 여기에 있어 줄래 · 69
〈바람에 날아간 초상화〉 – 일본 전래동화

12주 * 하늘 끝까지 닿는 마음 · 77
〈마음속으로 당신을 부릅니다〉 – 인디언 기도문

13주 * 눈 속에 피어나는 꽃 · 85
〈붉은 매화, 흰 매화〉 – 중국 민담

14주 * 무지개의 시작과 끝 · 91
〈보이지 않는 강한 바람〉 – 인디언 전설

15주 * 네 손을 잡아줄게 · 99
〈팥죽 할머니〉 – 한국 전래동화

16주 * 너를 품에 안고 · 107
〈알페이오스 이야기〉 – 그리스 신화

17주 * 바람이 전하는 말 · 113
〈삶은 여행〉 – 인디언 십계명

3장
함께 숨 쉬는 나날들

18주 * 너는 어디서 왔을까? · 121
〈무지갯빛 물고기〉 – 영국 옛이야기

19주 * 마법 같은 시간이야 · 129
〈원숭이 궁전〉 – 이탈리아 옛이야기

20주 * 서툴러도 괜찮아 · 141
〈사람과의 거리〉 – 무명 시

21주 * 마음의 온도 · 147
〈삼 년 고개〉 – 한국 전래동화

22주 * 이게 바로 사랑일 거야 · 153
〈행복한 왕자〉 – 아일랜드 동화

23주 * 함께하는 시간이 차오르면 · 163
〈한 지붕 한 가족〉 – 브라질 전래동화

24주 * 우리가 만나는 날까지 · 171
〈같은 하늘 아래〉 – 터키 민담

4장

더 큰 세상을 그려봐

25주 * 작은 낟알 하나 · 185
〈밤을 새우는 이야기〉 – 아프리카 전래동화

26주 * 아픔을 나눈다는 것 · 193
〈나귀 타고 온 관리〉 – 중국 옛이야기

27주 * 사소함에서 시작되는 일 · 199
〈구멍 난 배〉 – 탈무드 동화

28주 * 내 눈앞의 행복 · 205
〈노래하는 구두 수선공〉 – 라퐁텐 우화

29주 * 일어서야 더 멀리 볼 수 있어 · 211
〈발이 더러운 왕〉 – 인도 옛이야기

30주 * 아름다운 가치 하나 · 217
〈금화와 돌멩이〉 – 이솝 우화

31주 * 네가 들어갈 문을 기억해 · 223
〈토르를 찾아간 난쟁이〉 – 북유럽 신화

32주 * 내 심장을 향해 씩씩하게 · 229
〈영리한 엘제〉 – 독일 민담

33주 * 볼품없는 것들 · 237
〈다리와 뿔〉 – 이솝 우화

5장

용기 있는 선택, 너를 응원할게

34주 * 아주 진실한 용기 · 247
〈말하는 새〉 – 태국 전래동화

35주 * 비운 만큼 채워질 거야 · 255
〈포도밭에서 나오는 방법〉 – 이솝 우화

36주 * 지붕 위로 태양이 떠오르면 · 261
〈그래도 내 가슴은〉 – 이누이트족 전통노래

37주 * 진심이 진심을 낳는다 · 267
〈훈장님의 꿀단지〉 – 한국 전래동화

38주 * 너와 함께 떠나는 모험 · 273
〈사막의 지혜〉 – 이슬람 우화시

39주 * 희망의 조건 · 279
〈여행길〉 – 탈무드 동화

40주 * 보이지 않는 것을 볼 수 있다면 · 285
〈할머니의 북소리〉 – 파푸아뉴기니 옛이야기

1장

사랑해, 사랑해

지금 우리 아가는

5~8주

태아가 자리 잡기 시작하는 시기예요. 심장이 뛰고 폐가 형성되고 주요 기관이 발달해요. 뇌가 급격히 성장하기 때문에 다른 신체 부위보다 머리가 훨씬 크답니다.

9~10주

계속 성장하면서 처음으로 자기 힘으로 움직이게 돼요. 탯줄이 완전히 생기고 주요 기관이 형성되는 중요한 때예요. 초음파로 태아의 심장박동 소리도 들을 수 있어요. 사람의 모습을 띠기 시작하고 팔, 다리, 눈 등 신체 부위가 다 자리를 잡아요.

엄마의 몸은

5~8주

임신을 하면서 몸에 나타나는 여러 변화에 적응해야 해요. 보통 메스꺼움, 구토, 빈뇨, 가슴 통증, 피로 등 불편한 증상이 생겨요. 자궁이 커지면서 아랫배에 경련이나 욱신거림을 느끼기도 해요. 몸에 아무런 변화가 없을 수도 있는데, 이 역시 이상한 것은 아니니 걱정하지 마세요.

9~10주

유선이 발달하면서 가슴이 눈에 띄게 커져요. 유산할 위험이 있으므로 몸 관리에 각별히 신경 써야 해요. 힘든 일이나 심한 운동, 먼 거리 여행은 될 수 있으면 피하는 게 좋아요.

엄마의 마음은

5~8주

아기가 찾아와 행복하기도 하지만, 임신 초기의 불편한 증세와 통증을 경험하면서 우울해지기도 해요. 누구나 느끼는 감정이니 자연스럽게 받아들여 보세요.

9~10주

엄마가 된다는 기대와 걱정, 불안이 종잡을 수 없이 널뛰고 혹시 유산하지 않을까 염려되기도 할 거예요. 불안정한 심리 상태는 아주 흔한 현상이에요. 자연스러운 것이니 크게 걱정하지 않아도 돼요. 차츰 일상에 적응하면서 기분이 나아질 거예요.

감기약, 진통제 같은 일상적인 약이라도 복용 전에 반드시 의사와 상의해야 한다는 것을 잊지 마세요.

#5주

아가야, 네가 선물처럼 우리에게 온 날을 기억해.

그날부터 엄마 아빠는 새로운 꿈을 꾸기 시작했단다.

익숙한 하루하루를 보내는 동안 잊고 있던 설렘도 다시 찾아왔지.

네가 우리에게 오기 전과는 사뭇 다른 날들이 시작된 거야.

어느 날은 말이야, 어쩌면 희미해졌던 단어를 소리 내어 말해보았어.

가-족.

그 순간 엄마의 마음은 더없이 따뜻해졌어.

이 따뜻함을 너에게 전해줄게. 하루에 열두 번씩 속삭일게.

사랑해, 사랑해.

그렇게 가족이 된다

〈우리 아들 피터〉

코펜하겐에 사는 늙은 농부 슈와닝켄은 마을에서 가장 큰 목장을 가진 부자예요. 그런데 남부러울 것 없는 그에게도 한 가지 고민이 있었어요. 바로 아이가 없다는 것이었죠. 슈와닝켄 부부는 아이를 무척 좋아했거든요.

어느 날 목장에서 유달리 사랑스러운 송아지 한 마리가 태어났어요. 아이가 없어 항상 아쉬워하는 아내에게 슈와닝켄은 말했어요.

"저 송아지를 봐요. 정말 사랑스럽지 않소? 우리 저 아이를 피터라고 부릅시다."

그때부터 슈와닝켄 부부는 피터를 마치 자식처럼 생각하고 소중히 대했어요. 피터도 그들을 잘 따랐고요. 그런데 시간이 흐를수

록 피터와 대화를 나눌 수 없다는 게 안타깝기만 했어요.

"아무래도 우리 피터에게 말을 가르쳐야겠소. 혹시 방법을 아실지도 모르니 내일 토마손 집사에게 데려가 봅시다."

"그게 좋겠네요!"

슈와닝켄의 얘기에 아내도 기뻐했어요.

두 사람은 다음 날 일찍 피터를 이끌고 토마손 집사네 집에 갔어요.

"집사님, 우리 피터도 말을 배울 수 있을까요? 피터가 말을 하게 되면 사례는 두둑이 하겠습니다."

집사는 슈와닝켄의 말을 듣고 곰곰이 생각하더니 입을 열었어요.

"쉽지 않겠지만 한번 해보겠습니다. 송아지가 참 똘똘하게 생겼군요."

"고맙습니다. 정말 고맙습니다."

"그런데…… 피터가 아무래도 송아지이다 보니 가르치려면 돈이 좀 들어갑니다."

"이 정도면 될까요?"

슈와닝켄은 피터가 말을 하게 되리라는 기대에 부풀어 기꺼이 돈을 건넸어요.

그로부터 일주일이 흐른 뒤, 슈와닝켄 부부는 피터가 어떻게 지내는지 너무 궁금해서 집사네 집으로 달려갔어요. 하지만 집사는 단호하게 말했어요.

"피터가 두 분을 만나면 마음이 약해져서 다 그만두고 돌아가려 할지도 모릅니다. 피터는 아주 잘하고 있어요. 다만 피터를 가르치는 데 쓸 돈이 부족해서……."

집사가 말끝을 흐리자 슈와닝켄은 얼른 주머니에서 돈을 꺼내 집사의 손에 쥐여주었어요.

"알겠습니다. 피터가 말을 할 수만 있다면 이런 시간쯤은 너끈히 견딜 수 있지요. 잘 부탁드립니다."

슈와닝켄 부부는 피터가 말을 할 때까지 다시는 보러 오지 않겠다고 다짐하며 집으로 돌아갔어요. 그런데 사실 토마손 집사는 처음부터 피터에게 말을 가르칠 생각이 없었어요. 그저 피터를 이용해 부부에게 돈을 타내려는 수작이었죠.

'돈만 있지 아주 순진한 노인들이야. 하하.'

그렇게 한 달이 지나고 두 달이 지났어요. 돈을 더 뜯어내야 하는데 슈와닝켄 부부가 나타나지 않자 집사는 피터를 내팽개치고는 아예 돌보지도 않았어요. 먹을 것은 물론이고 물조차 주지 않았죠. 피터는 더는 배고픔을 참지 못하고 집을 나가버렸어요.

몇 달 후, 슈와닝켄 부부는 이제 피터와 대화를 나눌 수 있으리라는 기대에 차서 집사를 찾아갔어요. 그들과 마주한 집사는 몹시 당황했어요. 피터가 사라진 지 한참 됐으니까요. 하지만 이내 표정을 바꾸고 슬픈 듯이 말했어요.

"아이고, 왜 이제야 오셨습니까! 피터가 사라졌어요. 이제 말도 할 줄 알게 됐는데 그걸 믿고 나가버린 건지……."

"네? 세상에! 말도 안 돼요. 피터가 우리를 두고 왜 집을 나가겠습니까?"

"예전부터 피터는 말을 배우면 장사를 하겠다고 했거든요. 제 짐작입니다만, 장사를 하고 싶어서 떠난 게 아닐까요?"

"장사요? 아직 어린데 혼자 어떻게 장사를……."

슈와닝켄 부부는 별말도 못 하고 돌아설 수밖에 없었어요. 아들이 밥은 잘 먹는지 아프지는 않은지 걱정이 되어 몇 날 며칠 잠도 제대로 못 잤어요.

그러던 어느 날이었어요. 마을 사람들을 만나고 온 아내가 헐레벌떡 뛰어와 슈와닝켄에게 말했어요.

"오늘 들은 얘긴데 얼마 전 읍내에 '황소 피터'라는 가게가 문을 열었대요. 사람들이 말하길 주인 청년이 우리 피터와 비슷하게 생겼대요."

"그게 정말이요? 우리 피터가 정말 장사를 한다는 거요?"

"아직 확실하진 않지만 듬직하고 똑똑한 게 마치 피터를 보는 것 같았대요."

"우리도 내일 당장 가봅시다."

두 사람은 기뻐하며 잠자리에 들었어요.

다음 날 읍내에 나간 그들은 피터의 가게를 쉽게 찾을 수 있었어요. 슈와닝켄은 유리창 너머로 청년을 보자마자 피터라는 것을 확신했어요. 너무나 반가워서 문을 열고 들어가 청년을 부둥켜안았어요.

"내 아들아! 장사를 하고 싶었으면 우리에게 말하지 그랬니? 이렇게 혼자서 번듯하게 가게를 일궈내다니 정말 장하구나!"

청년은 처음 보는 할아버지가 다짜고짜 끌어안고 쓰다듬는 통에 정신이 하나도 없었어요. 옆에서는 할머니가 조용히 눈물을 훔치고 있었지요.

'나와 닮은 아들을 잃어버리셨나 보다. 얼마나 보고 싶었으면…….'

청년은 어찌할 바를 몰랐어요. 두 사람이 하도 반가워하며 눈물까지 글썽이니 안쓰러운 마음도 들었어요. 사실 청년은 이름만 피터일 뿐 고아였거든요. 그는 잠시 고민했어요.

'어쩐지 이분들을 실망시키면 안 될 것 같아. 아들인 것처럼 행세하다가 집으로 보내드리는 게 좋겠어.'

그래서 청년은 진짜 아들인 것처럼 말하기로 했어요.

"그런데 어떻게 알고 찾아오셨어요?"

"그것보다 이제 집으로 돌아가야지. 우리와 함께 가자꾸나. 목장 일을 가르쳐 줄게."

슈와닝켄 부인이 다정한 목소리로 피터를 다독였어요.

"제 일은 이 가게를 운영하는 거예요. 저는 가게를 지켜야 해요."

"그래? 그럼 지금 제일 필요한 게 뭐니?"

"그야…… 돈이지요. 가게를 더 확장하려면요."

청년은 돈 얘기를 꺼내는 게 왠지 머쓱해서 우물쭈물하다가 간신히 대답했어요. 그러자 갑자기 슈와닝켄이 한 더미의 돈을 탁자 위에 툭 내려놓았어요. 한 치의 망설임도 없었지요. 청년은 슈와닝켄을 한참 동안 바라보았어요. 자기 아들이 맞는지 자세히 확인하지도 않고 돈을 내어놓는 아버지의 마음에 코끝이 찡했거든요. 그런 사랑을 받는 피터라는 아들이 부럽기도 했어요.

'하지만 이 돈은 받을 수 없어. 내 아버지가 아니시니…….'

청년은 무리한 부탁을 하면 두 사람이 자기를 두고 목장으로 돌아가리라 생각하고는 일부러 당당하게 말했어요.

"아버지! 그러지 마시고 아예 농장을 팔아 그 돈으로 장사를 하면 어떨까요?"

그런데 예상 밖의 대답이 돌아왔어요.

“오, 아버지라니……! 내 평생 처음 듣는 말이야. 우리 아들이 원한다면 무엇이든 하고말고.”

슈와닝켄은 감동한 듯 눈물을 글썽이며 말했어요. 그 말을 듣고 있던 청년 피터의 마음도 덩달아 뭉클해졌어요. 피터도 태어나서 한 번도 ‘우리 아들’이란 말을 들어본 적이 없었으니까요. 누군가 이토록 따뜻하게 자기를 믿고 아껴준 적이 없었으니까요. 피터의 눈시울이 붉어졌어요.

‘이분들에게 아들이 되어드리면 어떨까.’

얼마 후 슈와닝켄 부부는 정말로 큰 농장을 다 정리하고 피터에게 달려왔어요.

“피터야, 이제 우리는 가족이야.”

“네. 아버지, 어머니…….”

“너와 얼굴을 마주하고 대화할 수 있다니 정말 꿈만 같구나.”

세 사람은 서로를 바라보며 환하게 웃었어요. 이제 피터는 슈와닝켄 부부와 함께 열심히 일하며 훌륭한 상인으로 성장해갈 거예요.

- 덴마크 옛이야기

엄마 아빠는 앞으로 너와 함께할 날들을 상상하면서 행복해졌어.

새로운 꿈도 이만큼 생겼단다.

우리도 슈와닝켄 가족처럼 같은 곳을 바라보며 힘들 때는 안아주고

멋진 일엔 함께 기뻐할 테니까. 가족이란 그런 거니까.

슈와닝켄 부부와 피터가 그랬듯이 서로를 믿고 아끼며 가족이 되어갈 거야.

#6주

엄마는 너로 인해 하루하루가 축복인 날들을 보내고 있어.

아침에 비치는 햇살도 살랑거리는 나뭇잎도 모두 우리를 위한 것인 것만 같거든.

하루에 몇 번씩 가만히 배에 손을 얹고 너를 느껴보기도 해.

엄마 아빠는 행복하게 호들갑을 떨면서 너에게만 줄 이름을 생각해보았어.

어떤 이름을 갖고 싶니?

너의 이름은

〈운명의 붉은 실〉

기원전 스진 천황 시대, 한 여자가 살고 있는 곳에 밤마다 한 남자가 찾아왔어요. 서로 이름도 성도 몰랐지만 두 사람은 매일 밤 사랑을 속삭였지요. 그러던 어느 날 여자는 남자와 부부의 연을 맺기로 약속하고는 이 사실을 부모님에게 알렸어요. 아무것도 모르고 있던 부모님은 딸의 결혼을 받아들일 수 없었어요.

"어느 집 자식인지, 무엇을 하는 사람인지도 모른다고?"

부모님은 딸이 걱정되기 시작했어요. 밤이 되면 왔다가 동이 트기 전에 돌아가 버린다니 그 남자를 어떻게 믿을 수 있겠어요. 부모님은 그가 누구인지 알아보려고 딸에게 방법을 가르쳐주었어요.

"그 사람이 오기 전에 잠자리 앞에 붉은 흙을 뿌려라."

붉은 흙은 부정한 기운을 막는 힘이 있다고 하면서요. 딸은 고개를 끄덕였어요.

"그리고 그가 오면 실을 끼운 바늘을 그의 옷에 꽂아두어라."

"실이요?"

"그래. 나중에 그 실을 좇아가 보면 그가 사는 곳을 알 수 있을 거야."

딸은 부모님이 알려준 대로 행동에 옮겼어요.

그리고 다음 날, 남자가 돌아간 후 실을 따라가 보았어요. 실은 미와산으로 이어져 신사에서 멈춰 있었어요. 그 남자는 사람이 아니라 오모노누시라는 신(神)이었던 거예요. 그 실에는 붉은 흙이 묻어 있었죠. 훗날 사람들은 이 이야기를 전해 듣고 붉은 실이 소중한 사람에게 이끌어준다고 믿게 되었대요.

- 일본 전설

그래서 사람들은 지금도 운명적으로 이어진 관계를 붉은 실로 표현한단다.

서로의 새끼손가락에 붉은 실을 묶고 서로를 축복하곤 해.

엄마와 아빠, 그리고 너도 운명처럼 만난 걸까?

엄마는 이제 알 수 있어.

우리의 새끼손가락에는 붉은 실이 매어져 있음을.

그 붉은 실로 우리는 항상 연결되어 있음을.

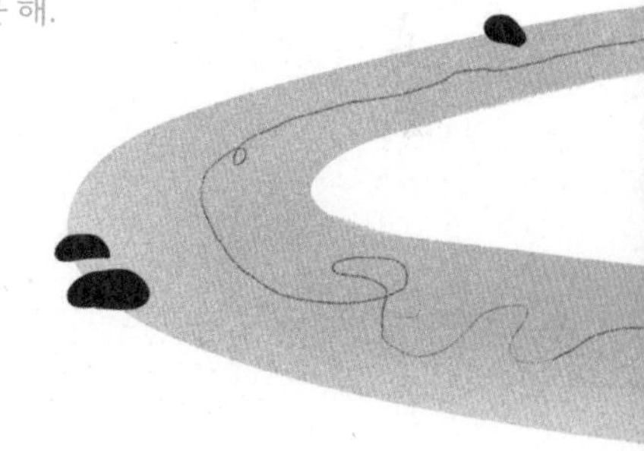

#7주

엄마 아빠는 네가 찾아오면서 서로를 다독이고 응원하게 되었어.

우리 곁으로 올 작은 너를 기다리면서 엄마가, 또 아빠가 되어가겠지?

더 힘을 내고 용기를 내자고 다짐도 할 거야.

엄마 아빠가 되는 데도 다짐이 필요한가 봐.

그런데 참 설레는 다짐이야.

너의 두 손으로

〈늙은 농부의 유언〉

어느 시골 마을에 성실한 농부가 살고 있었어요. 열심히 농사를 지으며 아이들을 낳아 길렀죠. 세월이 흐르고 흘러 아이들이 다 성장하고 농부도 나이가 들었어요. 생을 마감할 준비를 하던 늙은 농부는 어느 날 자식들을 한자리에 불러모았어요.

"아무래도 내가 살날이 얼마 남지 않은 것 같구나. 사실 우리 밭에는 조상 대대로 내려오는 보물이 묻혀 있단다. 어디에 묻혀 있는지는 나도 정확히 알지 못한다. 하지만 여기저기 부지런히 파다 보면 찾을 수 있을 게다."

자식들은 놀란 표정으로 서로의 얼굴을 바라보았어요. 이 말은 곧 농부의 유언이 되었지요. 농부가 세상을 떠나자 자식들은 아버지의 상을 치르고 열심히 보물을 찾기 시작했어요. 아버지가 일구어놓은 넓은 밭을 파고 또 팠지요. 모든 땅을 샅샅이 파헤쳤지만 결국 보물은 발견하지 못했어요.

"아버지가 잘못 아신 건 아닐까?"

"그러게 말이야. 애초부터 보물은 없었나 봐."

"그럼 땅을 다 파놓은 김에 씨앗이라도 뿌려볼까?"

"좋은 생각이야."

농부의 자식들은 너른 밭에 씨앗을 뿌리고 물을 주고 길을 내었어요. 그런데 가을이 되자 놀라운 일이 벌어졌어요. 곡식이 알알이 영글어서 풍성한 수확을 거두게 되었거든요. 자식들은 그제야 깨달았어요.

"아버지가 말한 보물은 바로 이거였나 봐. 열심히 밭을 일구어 얻은 이 곡식들 말이야."

- 라퐁텐 우화

이제 엄마 아빠도 씨앗을 뿌리고 물을 주고 길을 낼 거란다.

그리고 세상에서 가장 아름다운 만남을 준비할 거란다.

네가 엄마 아빠를 만나려 자라나듯이 우리도 너와 함께 자라날 거야.

#8주

"떼굴떼굴 도토리가 어디서 왔나. 깊은 산골 종소리 듣고 있다가 왔지.
다람쥐 한눈팔 때 졸고 있다가 왔지."

요즘 엄마 아빠가 너에게 즐겁게 불러주는 노래야.

그러면 네가 떼굴떼굴 굴러오는 도토리처럼 웃고 있을 것만 같아.

아가야, 우리 같이 행복한 노래를 불러볼까?

노래하면 이루어질 거야

〈노마잘라의 노래〉

은강게줄루 왕국에 이웃 나라의 음자모라는 젊은이가 찾아왔어요. 왕국의 공주 노마잘라를 만나기 위해서였지요. 그를 보고 사람들은 코웃음을 치며 말했어요.

"당신 같은 미천한 자가 공주를 만나겠다고?"

하지만 음자모는 사람들의 비웃음에도 아랑곳하지 않고 바로 궁으로 달려갔어요. 왕은 음자모가 찾아온 이유를 듣고는 몹시 화를 내며 신하들에게 그를 쫓아버리라고 명령했어요. 그런데 한 신하가 이렇게 제안했어요.

"폐하, 어쩐지 저 젊은이는 자신감이 흘러넘칩니다. 안으로 들여 이야기를 나눠 보고 판단하시면 어떻겠습니까? 노마잘라 공주는 씩씩한 사람을 좋아하지 않습니까."

왕은 화를 누그러뜨리고 잠시 생각에 잠기더니 음자모가 들어오도록 허락해주었어요. 음자모는 보란 듯이 시원시원한 걸음걸이로 왕 앞에 섰지요.

“자네가 노마잘라를 만나러 왔다지. 그것도 혼자서?”

“저는 확신이 있으면 곧바로 행동에 옮깁니다. 저희 집안은 전쟁에 나가서도 혼자 싸웁니다.”

“용감한 젊은이로군. 그럼 전쟁터에 온 것처럼 내가 하라는 것을 혼자 해결하게.”

“알겠습니다.”

“우리 왕국은 계곡을 개간해서 옥수수를 심었네. 저기 보이지? 저 계곡에 있는 옥수수를 오늘 안에 다 수확하게. 그러면 내가 더 생각해보겠네.”

“지금 당장 가겠습니다.”

음자모는 계곡에 도착하자마자 정신없이 옥수수를 따기 시작했어요. 오늘 안에 다 따려면 시간이 없었거든요. 반드시 해내고야 말겠다는 일념으로 쉴 틈 없이 일했지요. 하지만 어느새 해가 뉘엿뉘엿 지고 있었어요. 옥수수를 반도 못 땄는데 말이에요.

‘내 능력이 이것밖에 안 되다니. 여기서 끝인 걸까.’

음자모는 낙담했어요. 그가 상심에 차 있을 때 저 멀리서 아름다운 노랫소리가 들려왔어요.

작고 붉은 옥수수야

우리가 뿌려놓은 씨에서 나온 옥수수야

너희가 가고 싶은 바구니 속으로

알아서 들어가 주겠니

알아서 모여주겠니

그런데 이게 무슨 일일까요? 옥수수들이 저절로 뽑혀 바구니에 착착 담기는 게 아니겠어요? 계곡에서 자라던 모든 옥수수가 눈 깜짝할 사이에 수확되었어요. 음자모는 순식간에 일어난 일을 보며 어리둥절할 따름이었어요. 정신을 차린 그는 해가 지기 전에 왕궁으로 달려갔어요.

"말씀하신 대로 일을 다 끝냈습니다."

왕은 계곡을 바라보며 속으로 무척 놀랐어요. 하지만 태연한 척하며 말했어요.

"제법이군. 하지만 이게 끝이 아니지. 오늘은 그만 쉬고 내일 다시 오게."

음자모는 낡은 오두막에 몸을 뉘었어요. 피곤한 나머지 바로 곯아떨어졌죠.

다음 날, 왕은 어젯밤에 신하들과 열띠게 상의한 끝에 생각해낸 일을 명령했어요.

"얼마 전 노마잘라가 강에서 목욕을 하다가 팔찌를 잃어버렸네. 자네가 그 팔찌를 찾아온다면 공주와 인연이 있는 것이니 만나게 해주지."

왕과 신하들은 이번 일은 너무 어려워서 해내기 힘들 거라고 생각했어요. 음자모는 당장 강으로 달려갔어요. 바로 강으로 뛰어들어 바닥을 샅샅이 살폈죠. 숨이 차오르면 물 밖으로 나왔다가 다시 물속으로 들어가기를 계속 반복했어요. 얼마나 여러 번 했는지 기운이 다 빠져버렸어요.

'넓은 정글을 가로지르는 이 큰 강에서 어떻게 그 작은 팔찌를 찾을 수 있겠어. 이번에는 힘들 것 같아. 여기서 포기해야 할까…….'

음자모는 갑자기 슬퍼졌어요. 야속하게도 해가 서쪽으로 기울고 있었어요. 이제 곧 어둠이 찾아오면

강바닥을 훑어보는 것도 더는 할 수 없겠지요. 그때였어요. 저 멀리서 아름다운 노랫소리가 들려왔어요. 바로 어제처럼 말이에요.

악어야, 물속에 사는 악어야
네가 있는 물속에서
공주가 잃어버린 팔찌를 가져다주렴

놀라운 일이었어요. 이번에도 노랫소리를 들은 악어는 얼마 되지 않아 공주의 팔찌를 가지고 나왔어요. 그러고는 팔찌를 강가 모래밭에 놓아두고 멀리 사라졌어요. 음자모는 그것도 모르고 계속 강바닥을 수색하느라 여념이 없었어요. 다시 강가로 나왔을 때 드디어 그는 모래밭에서 팔찌를 발견했어요.

'이게 왜 여기에?'

음자모는 너무 놀라 팔찌를 주워들고 주위를 둘러보았어요. 그런데 놀랍게도 바로 앞에 노마잘라가 서 있었어요. 알고 보니 그가 낙심할 때마다 아름다운 노래를 불러준 사람이 바로 노마잘라였어요.

두 사람은 노을을 뒤로하고 서로를 바라보았어요. 그러고는 손을 꼭 잡고 함께 강가를 걸어 나갔어요. 씩씩하고 시원시원한 걸음걸이가 참 닮아 있었어요.

- 아프리카 민담

음자모가 지치고 힘들 때마다, 때로는 상심에 차서 그만 포기하려 할 때마다

어디선가 노랫소리가 들려왔어.

노마잘라의 노래로 두 사람은 이제 함께 행복하겠지?

원하는 것이 있다면 노래해봐. 그러면 이루어질 거야.

엄마 아빠도 너를 위해 노래할게.

우리가 노래하는 그 시간이 우리가 함께 있는 시간이야.

아가야, 엄마 아빠의 노랫소리가 들리니?

#9주

조심조심.

요즘 엄마가 가장 많이 듣는 말이야.

조심조심 편한 신발을 신고 조심조심 걸어 다니지.

네 심장박동 소리를 듣고 난 뒤부터는 조심조심 말을 하고 조심조심 마음을 써.

네가 엄마 말을 듣고 엄마 마음을 느낄 것만 같아서.

사랑한다고 말할게

〈네 손에 언제나 할 일이 있기를〉

네 손에 언제나 할 일이 있기를

네 지갑에 언제나 한두 개의 동전이 남아 있기를

네 발 앞에 언제나 길이 나타나기를

바람은 언제나 너의 등 뒤에서 불고

너의 얼굴에는 해가 비치기를

이따금 너의 길에 비가 내리더라도

곧 무지개가 뜨기를

불행에서 가난하고

축복에서는 부자가 되기를

적을 만드는 데는 느리고

친구를 만드는 데는 빠르기를

이웃은 너를 존중하고

불행은 너를 알은체도 하지 않기를

앞으로 겪을 가장 슬픈 날이

지금까지 겪은 가장 행복한 날보다 더 나은 날이기를

그리고 신이 늘 네 곁에 있기를

- 켈트족 기도문

엄마도 너를 위해 매일 기도해.

네 심장이 세상을 향해 고르게 뛰기를.

숨을 고를 때 앞으로 나아갈 길이 펼쳐지기를.

그리고 언제나 사랑한다고 말할 수 있기를.

사랑해, 아가야.

#10주

예전에는 미처 몰랐단다.

아침 해와 저녁달이, 길가의 나무와 풀이 이렇게 변화무쌍한지 말이야.

바람 부는 날이 있는가 하면 구름이 잔뜩 드리운 날도 지나가.

변한 것 같기도 하고 변하지 않은 것 같기도 한 하늘이야.

앞으로 우리는 더 변해갈 테고 어제가 지나고 내일이 올 테지만,

지금 이 순간이 가장 소중해.

우리가 그리워하는 이유

〈눈사람〉

몹시 추운 겨울날이었어요. 마당 한쪽에 서 있던 눈사람은 산 너머로 지는 해를 바라보다가 문득 자기가 태어난 때를 떠올렸어요. 바로 오늘 아침이었죠. 마당 안쪽 집에 사는 아이들은 크리스마스가 다가오자 캐럴을 부르면서 신나게 눈사람을 만들었어요. 눈덩이를 뭉쳐 얼굴과 몸통을 만들더니 어디선가 플라스틱 조각을 가져와 눈을 붙이고, 소나무 가지로 입을 완성했어요.

'생각해보니 그때가 가장 행복했어. 아이들은 나를 다 만들고는 함성을 지르며 기뻐했어. 손뼉을 치면서 나를 축복해주었지.'

눈사람은 이제 해가 완전히 사라진 서쪽 산을 보며 중얼거렸어요.

"나도 저 태양처럼 움직이고 싶어."

때마침 그 옆을 지나가다가 눈사람의 혼잣말을 들은 늙은 개가 말했어요.

"있잖아, 어쩌면 해님이 움직이는 방법을 알려줄지도 몰라. 전에 여기 있던 눈사람도 움직이는 법을 배웠는지 어디론가 감쪽같이 사라져버렸거든. 내일 아침이 되면 해님이 다시 찾아올 거야. 그러니 기다려봐."

눈사람은 개가 하는 말을 도무지 알아들을 수가 없었어요. 그도 그럴 것이 태어난 지 하루밖에 되지 않았으니까요.

이윽고 밤이 되자 차가운 겨울바람이 불어오기 시작했어요. 눈은 더 꽁꽁 얼어붙었고 밤안개까지 자욱해서 스산한 풍경이었죠. 그런데 해가 떠오르자 완전히 다른 풍경이 펼쳐졌어요. 서리가 앉은 나뭇가지들은 아침 햇살을 받아 반짝거렸고, 새하얀 눈밭은 눈이 부실 지경이었어요. 마치 하얀 보석을 흩뿌려놓은 것 같았어요. 해님은 그렇게 아침과 함께 돌아왔어요. 그때 어떤 여자와 남자가 집에서 나와 마당에 있는 눈사람을 보며 말했어요.

"와, 아이들이 눈사람을 참 잘 만들었네."

두 사람은 마주 보고 웃으며 눈을 밟고 사뿐사뿐 걸어갔어요. 그러자 뽀드득뽀드득 경쾌한 소리가 아침 마당에 울려 퍼졌어요.

"저 사람들은 누구야?"

눈사람은 궁금함을 참지 못하고 늙은 개에게 말을 걸었어요.

"이 집 주인이야. 사실 나는 예전에 저 사람들과 집 안에서 함께 살았거든. 그런데 내 몸집이 커지니까 하인에게 주더라고. 그래서 지하실로 가게 되었는데 지하실에는 난로가 있었어. 그 앞에 엎드려 있으면 얼마나 따뜻했는지 몰라."

"난로? 그건 어떻게 생긴 거야?"

"까만 놋쇠로 만들었는데 장작을 집어넣어 불을 때지. 그러면 온기가 돌아서 거기로 사람들이 모여들어. 참, 네가 서 있는 곳에서 지하실 안이 보일 거야. 그 안을 잘 살펴보면 난로가 있을 텐데."

"정말이야?"

눈사람은 호기심이 일어 지하실 안을 들여다보았어요. 과연 놋쇠로 만든 듯한 물체가 보였어요. 몸통 아래에서는 빨간 불이 타오르고 있었어요. 그런데 순간 눈사람은 이상한 기분이 들었어요. 아련하기도 하고 슬프기도 한 복잡한 감정이었어요.

"이상해. 지하실 안으로 들어가고 싶어져. 따뜻한 난로 곁으로 가면 좋겠어. 도대체 왜 그럴까?"

하지만 늙은 개는 큰일 날 소리라며 눈사람을 말렸어요.

"절대 안 돼. 그러면 너는 뜨거운 불 때문에 바로 녹아 없어질 거야."

늙은 개는 오래 산 만큼 많은 것을 알고 있었어요. 하지만 눈사람은 개가 말릴수록 난로 곁으로 더욱더 가고 싶어졌어요. 그 아늑함이 사무치게 그리웠어요. 그래서 지하실 안쪽만 바라보며 하루하루를 보냈어요.

난로에서 흘러나오는 붉은 불빛은 햇빛과는 완전히

달랐어요. 장작을 넣을 때마다 타오르는 불길은 마치 춤을 추는 것처럼 눈사람의 얼굴을 덮쳤다가 사라졌어요. 한겨울이 되면서 밤이 더욱 길어졌지만 눈사람은 하나도 외롭지 않았어요. 이런 모습을 지켜보던 늙은 개는 혀를 찼어요.

"넌 참 어리석구나. 눈사람 주제에 난로를 그리워하다니. 그러다 네가 없어질지도 모르는데."

하지만 눈사람은 개의치 않았어요. 두려움도 없었어요. 겁도 나지 않았지요. 그러는 사이 해가 점점 길어졌고, 낮이 되면 얼음이 녹는 소리가 들려오기 시작했어요. 추위가 풀리면서 눈사람의 몸집도 점점 작아졌어요. 그리고 어느 날, 눈사람은 온데간데없이 사라졌어요.

그런데 이상한 일이었어요. 눈사람이 녹아 없어진 자리에 쇠막대기 하나가 박혀 있었어요. 아이들이 땅에 쇠막대기를 박은 뒤 거기에 눈을 뭉쳐 눈사람을 만들었던 거예요. 늙은 개는 그제야 모든 것을 이해할 수 있었어요.

"아, 눈사람이 난로를 그리워하던 이유가 바로 이거였구나. 저 쇠막대기는 난로의 불씨를 이리저리 뒤적여주는 부지깽이였어……."

어느덧 겨울이 가고 봄이 찾아왔어요. 이제 눈사람을 기억하는 이들은 아무도 없었어요.

- 덴마크 동화

(이 이야기는 안데르센의 〈눈사람〉을 개작한 것입니다.)

아무도 기억하지 않는 눈사람 이야기에 엄마는 눈물이 났어.

이제는 봄이 오면 난로를 그리워하던 눈사람이 떠오를 것 같아.

존재는 언젠가 사라지지만 그 그리움은 세상을 떠다니다가 누군가의 마음을 적실 거야.

눈사람과 난로가 연결되어 있듯이, 우리도 이어져 있었어.

그게 바로 우리가 서로 그리워하는 이유였어.

2장

우리 모두는 서로 연결되어 있어

지금 우리 아기는

11~12주

얼굴 윤곽이 생기고 눈꺼풀이 보여요. 생명유지에 필요한 중요한 기관이 완전하게 발달해요. 탯줄을 통해 태아와 태반 사이에 혈액순환이 이루어지고, 일부 뼈가 단단해지기 시작해요.

13~17주

풍부해진 양수에서 헤엄치며 놀아요. 이 시기에 양수는 폐 계통의 발달에 중요한 역할을 한답니다. 다양한 표정이 생겨서 찡그리거나 곁눈질을 할 수 있어요. 머리카락도 돋아나요.

엄마의 몸은

11~12주

허리가 두꺼워지고 체중이 늘어나서 전에 입던 옷이 꽉 낄 거예요. 혈압이 낮아지고 현기증이 나기도 해요. 호르몬 변화로 뾰루지 같은 피부 트러블이 생길 수 있어요.

13~17주

입덧 때문에 고생했다면 이제 괜찮아져요. 컨디션이 좋아지고 원기가 회복돼요. 배가 불러오기 시작하니 임신복을 준비하면 좋아요. 헐렁한 옷을 입고 편하게 지내세요.

엄마의 마음은

11~12주

호르몬 수치가 올라가서 아무것도 아닌 일에 갑자기 눈물이 나거나 쉽게 상처받을 수 있어요. 마음이 바닥으로 가라앉을 때는 예비 아빠와 교감하면서 안정을 취해보세요. 임신 초기가 지나고 유산의 위험이 줄어들면 긴장이 조금 풀릴 거예요.

13~17주

임신 중의 생활방식에 익숙해지면서 불안과 초조함이 점차 사라져요. 배가 불러오면서 변하는 몸이 낯설고 두렵기도 하겠지만 편안한 마음으로 이 시기를 즐겨보세요. 유쾌한 시간을 보내면서 많이 웃어보세요.

임신 중의 감정 변화나 일상에서 일어나는 작은 일들을 기록해보세요. 뱃속에 있는 아기에게 편지를 써보는 건 어떨까요? 임신 중 감정을 다스리는 데 좋을 뿐만 아니라 출산 후에도 소중한 추억이 될 거예요.

#11주

“오늘 하루 잘 지냈니. 잘 자, 아가야.”

잠이 들기 전에 네게 인사를 하면 엄마는 안심이 돼.

불안한 마음은 저 멀리 사라지고 평온함이 찾아온단다.

어쩐지 고요 속에서 너와 단둘이 유영하는 것만 같아.

너와 함께 고요를 느끼는 이 밤이 좋아.

여기에 있어 줄래

〈바람에 날아간 초상화〉

오키나와 남쪽 마을에 사는 우메사오는 일밖에 모르는 착한 농사꾼이에요. 열심히 농사를 지으며 하루하루 살아가던 어느 날, 한 여인이 그의 집 문을 두드렸어요.

"실례합니다. 제가 오늘 잘 곳이 마땅치 않아 조심스럽게 부탁드립니다. 하룻밤만 머물다 갈 수 있을까요?"

"어이쿠, 이렇게 밤이 깊었는데……. 이리로 들어오시지요."

우메사오는 온종일 굶은 것 같은 초라한 행색의 여인이 안쓰러웠어요. 그래서 먹을 것을 챙겨주고 잠자리를 내주었어요.

"고맙습니다. 정말 좋은 분이시군요."

여인은 차림새는 남루했지만 달빛에 비친 얼굴만큼은 환하게 빛났어요. 그리고 다음 날 아침, 우메사오는 여인에게 뜻밖의 말을 들었어요.

"사실 저는 부모를 잃고 떠돌아다니는 신세라 마땅히 갈 곳이 없습니다. 그런데 어제 저를 따뜻하게 맞아주시는 모습을 보고 함께하고 싶다고 생각했습니다. 괜찮으시다면 서로에게 소중한 사람이 되어 살아가게 해주십시오."

우메사오는 무척 놀랐어요. 농사일만 하느라 나이만 훌쩍 먹은 총각에게 너무나 근사한 제안이었으니까요.

"저는 가난한 농부입니다. 농사 말고는 아는 것도 없지요. 그래도 괜찮은가요?"

여인은 빙긋이 미소를 지으며 조용히 고개를 끄덕였어요. 이렇게

두 사람은 부부의 연을 맺었지요. 둘은 사랑으로 서로를 도우며 하루하루를 꾸려갔어요. 그런데 우메사오에게 달라진 점이 하나 있었어요. 아내가 너무 좋아 자꾸 보고 싶은 나머지 아내의 얼굴만 바라보고 있는 거예요. 집에서는 물론이고 밖에 있다가도 얼른 돌아와 아내만 졸졸 쫓아다녔어요. 혹시 아내에게 나쁜 일이 일어날까 봐 불안했거든요. 아내는 그 모습에 걱정이 되기 시작했어요.

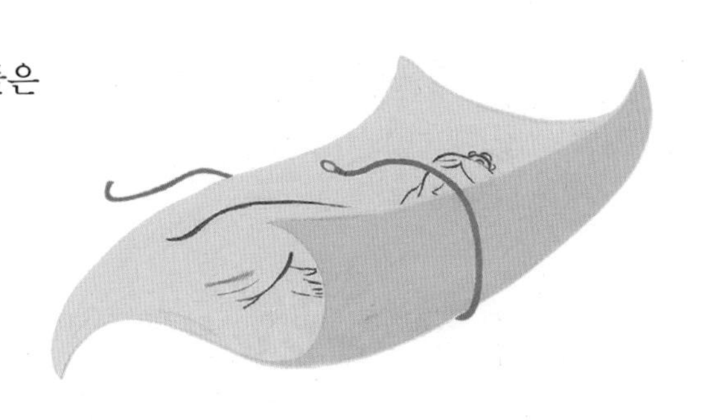

"언제까지 제 얼굴만 보고 계실 거예요? 저도 함께 있고 싶지만 항상 그럴 수는 없어요. 저 때문에 농사일도 제대로 못 하고……."

"하아, 나도 답답해요. 밭에 나가서도 당신 얼굴만 생각나니 말이에요."

아내는 무슨 방법이 없을까 궁리하다가 문득 좋은 생각이 떠올랐어요.

"이러면 어때요? 내 얼굴을 종이에 그려서 일할 때 가지고 나가는 거예요. 그걸 나무에 걸어놓고 일하면 되잖아요."

"오, 좋은 생각이에요!"

다음 날 두 사람은 마을에서 그림을 제일 잘 그린다는 사람을 찾아갔어요. 우메사오가 종이를 내밀며 말했어요.

"여기에 내 아내를 그려주시오. 아주 똑같이 말이오."

"어찌 알고 오셨소. 초상화 그리기로 나를 따라올 사람이 없다오. 하하하."

잠시 후 초상화를 받아든 두 사람은 감탄했어요. 정말 우메사오의 아내와 똑같았거든요. 두 사람은 기뻐하며 집으로 돌아왔어요. 우메사오는 초상화를 품에 소중히 넣고 곧장 밭일을 하러 나갔어요. 아내의 얼굴을 보면서 일하니 더 기운이 솟는 것 같았지요.

그날도 우메사오는 아내의 초상화를 나무에 걸어놓고 콧노래를 부르며 일하고 있었어요. 그런데 갑자기 검은 구름이 몰려오더니 세찬 바람이 불기 시작했어요.

'안 되겠군. 오늘은 그만 들어가자.'

우메사오는 일을 정리하고 초상화를 집어넣으려고 나무에 손을 뻗었어요. 그 순간, 어디선가 불어온 바람에 초상화가 멀리 날아가고 말았어요. 하늘로 새까맣게 사라지는 초상화를 바라보며 우메사오는 마음이 불안해졌어요.

'혹시 아내에게 무슨 일이 생긴 건 아닐까?'

마음이 다급해진 그는 헐레벌떡 집으로 달리기 시작했어요. 우메사오가 우당탕 소리를 내며 마당으로 들어서자 아내가 놀라 물었어요.

"무슨 일이에요?"

"아무 일도 없었어요? 일하고 있는데 당신 초상화가 바람에 날아갔지 뭐예요. 불안해서 막 달려왔는데……."

아내는 웃으며 별일 없었다고 우메사오를 위로했어요. 그는 그제야 깨달았어요.

'불안한 것은 그저 내 마음이었구나. 아내는 항상 내 옆에 있었어.'

우메사오는 이제 아내의 초상화 없이도 밭에 나가 일할 수 있게 되었어요.

- 일본 전래동화

서로에게 시간을 주는 것이 바로 사랑이야.

눈앞에 없어도 믿고 견뎌야 하는 것.

사랑을 지키는 건 약속을 지키는 데서 시작한대. 약속은 영원한 단어니까.

아가야, 절대 사라지지 않을 약속을 할게.

눈앞에 보이지 않을지라도 엄마 아빠는 항상 네 옆에 있을 거야.

#12주

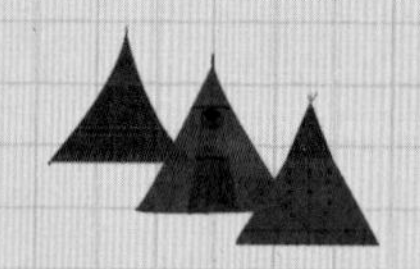

가끔 생각해보곤 해.

엄마는 끊임없이 사랑을 퍼 올릴 샘물을 갖고 있을까?

그렇다면 너에게 아낌없이 그 사랑을 줄 텐데.

아낌없이 모든 것을 준다는 건 어떤 걸까? 사랑하는 마음이란 무엇일까?

엄마는 너를 통해 사랑을 배워가고 있어.

하늘 끝까지 닿는 마음

〈마음속으로 당신을 부릅니다〉

모든 것 이전에 있었고

모든 물건과 사람과 장소를 가득 채우고 있는 위대한 정령이시여,

머나먼 곳으로부터 우리의 깨어 있는 마음속으로 당신을 부릅니다.

공기 속 수분에 날개를 주고 자욱한 눈 폭풍을 날려 보내며,

반짝이는 수정 이불로 대지를 덮어 그 깊은 고요로 모든 소리를

아름답게 만드는 북쪽의 위대한 정령이시여,

당신의 어린 자식들에게 살을 에는 눈보라를 견딜 힘을 주시고,

힘든 계절이 지나가고 따뜻한 대지가 깨어날 때 찾아오는

그 아름다움에 감사하게 하소서.

오른손에는 우리의 전 생애를, 왼손에는 하루하루의 기회를 들고서

떠오르는 태양의 땅 동쪽에 계신 위대한 정령이시여,

우리가 받은 선물을 하찮게 여기지 않게 하시고,

게으름 속에 하루의 소망과 한 해의 희망을 잃지 않게 하소서.

따뜻한 자비의 숨결로 우리 가슴을 에워싼 얼음을 녹이고,

그 향기로 머지않은 봄과 여름을 말해주는 남쪽의 위대한 정령이시여,

우리 안의 두려움과 미움을 녹여

우리의 사랑을 진실하고 살아 있는 실체로 만들어주소서.

진실로 강한 자는 부드러우며, 지혜로운 자는 마음이 넓고,

진정으로 용기 있는 자는 자비롭다는 것을 깨닫게 하소서.

하늘로 치솟은 산들과 멀리 굽이치는 평원을 가진,

태양이 지는 땅 서쪽에 계신 위대한 정령이시여,

순수한 노력 뒤에 평화가 찾아오며, 오랜 수행 뒤에야

바람 속에 펄럭이는 옷자락처럼 자유가 뒤따라옴을 알게 하소서.

끝이 처음보다 좋으며, 지는 태양의 영광이 헛되지 않음을 깨닫게 하소서.

낮에는 한없이 파랗고

밤의 계절에는 수많은 별 속에 있는 하늘의 위대한 정령이시여,

당신이 무한히 크고 아름다우며

우리의 모든 지식을 뛰어넘을 정도로 거대한 존재임을 알게 하소서.

동시에 당신이 우리 머리 위, 눈꺼풀 바로 위에 있음을 깨닫게 하소서.

땅속에 숨겨진 자원을 주관하고 모든 광물의 주인이며 씨앗을 싹 틔우는,

우리 발아래 있는 어머니 대지의 위대한 정령이시여,

지금 이 순간 당신이 가진 자비로운 마음에 끝없이 감사하게 하소서.

우리의 가슴속 바람과 가장 깊은 갈망 속에서 불타오르는,

우리의 영혼 속 위대한 정령이시여,

당신이 주신 이 생명의 위대함과 선함을 알게 하시고,

이 특별한 삶의 가치를 깨닫게 하소서.

- 인디언 기도문

우리의 깨어 있는 영혼을 축복하며 앞으로 함께할 날들을 위해 기도해.

간절한 마음이, 선한 의지가 하늘 끝까지 닿도록 기도해.

우리 안의 두려움이 충만한 평화로, 큰 사랑으로 피어나기를.

진정한 용기를 깨닫고 진실로 강해지기를.

엄마 아빠는 매일 기도하면서 살아갈 힘을 얻을 거야.

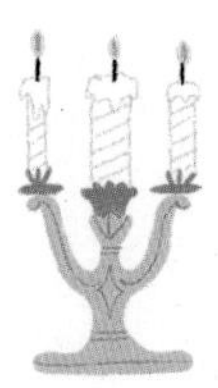

#13주

매화는 추운 겨울에 꽃을 피운대.

하얀 눈 속에서 추위를 이겨내고 피어난 매화꽃은 그래서 더욱 아름다워 보여.

매화꽃이 겨울에 피는 까닭이 궁금하니? 그 이야기를 들려줄게.

엄마는 네 손을 잡고 눈밭을 거닐며 매화꽃을 보는 상상을 해.

눈 속에 피어나는 꽃

〈붉은 매화, 흰 매화〉

가난한 농부였던 왕이는 말년에 큰돈을 벌어 으리으리한 부자가 되었어요. 집 안에 금은보화가 가득했지만 그가 가장 아끼는 건 하나밖에 없는 딸이었어요. 훌륭한 혼사를 치르려고 어지간한 부자들이 해오는 청혼은 다 거절하고 있었죠.

"참나, 내 소중한 딸을 뭐로 보고. 어림도 없지."

그런데 왕이는 한 가지 사실을 애써 모른 척하고 있었어요. 그렇게도 아끼는 딸이 자기 집에서 일하는 목동과 사랑에 빠졌다는 것을요. 언젠가 왕이는 목장에 갔다가 딸이 목동과 함께 있는 걸 보고는 너무 화가 나서 호통을 쳤어요.

"아니 이놈이! 네가 감히 우리 딸을 넘보는 게냐!"

목동은 왕이의 딸과 함께 있는 모습을 들킬 때마다 왕이에게 두들겨 맞곤 했어요. 하지만 그럴수록 목동과 딸의 사랑은 더욱 깊어갔지요. 그날도 딸은 누추한 외양간에서 자기 아버지에게 맞아 상처가 난 목동의 얼굴을 어루만져주었어요.

그때였어요. 우연히 그 앞을 지나가던 왕이가 들이닥쳤어요.

"지금 뭐 하는 짓이냐? 안 되겠다. 당장 이 집에서 나가라!"

왕이는 목동을 집에서 쫓아냈어요. 딸의 애달픈 사랑 때문에 왕이의 집안은 발칵 뒤집혔죠. 딸은 밤이 되기를 기다렸다가 가족의 눈을 피해 목동을 쫓아 도망쳤어요. 목동과 깊은 산속의 낡은 암자에서 만나기로 약속했거든요.

목동은 암자로 찾아온 딸에게 미안한 듯 물었어요.

"이런 숲속에서 무섭지 않아요?"

"아니요. 당신이 함께 있으니 하나도 무섭지 않아요. 아버지도 시간이 지나면 화가 누그러질 거예요. 너무 걱정하지 말아요. 지금은 당신과 이야기를 나눌 수 있어서 행복해요."

하지만 깊은 숲속이라 시간이 갈수록 더 어두워졌고, 기온도 뚝 떨어졌어요. 급기야 눈발이 날리는가 싶더니 산에는 어느새 눈이 쌓이기 시작했어요. 목동은 덜덜 떠는 딸의 몸을 감싸 안으며 걱정스러운 눈빛으로 말했어요.

"춥죠?"

"전혀요. 마음이 이렇게 따뜻한걸요."

두 사람은 체온을 덜 빼앗기려고 서로 몸을 기대어 도란도란 이야기를 나눴어요. 하지만 야속하게도 눈발은 점점 굵어졌어요. 그렇게 하룻밤이 지나고 두 사람은 그대로 얼어붙어 매화나무가 되었어요. 산속 낡은 암자 옆에는 빛나는 붉은

꽃과 흰 꽃이 나란히 피었어요. 왕이의 딸이 변한 붉은 매화꽃과 목동이 변한 흰 매화꽃이었어요. 그래서 매화는 겨울이 되어야 꽃을 피워요. 거센 눈발 속에서 더욱 눈부시게 아름답지요.

\- 중국 민담

눈을 맞으며 매화가 된 두 사람의 아름다운 사랑 이야기에

엄마는 어떤 시구절이 떠올랐어.

그 시를 쓴 시인은 눈 내리는 소리가 마치

"괜찬타, ……괜찬타, ……괜찬타, ……" 하는 것처럼 들렸대.

영원히 함께 있게 된 목동과 왕이의 딸에게도 그렇게 들렸을까?

괜찮다, 괜찮다, 내리는 눈발 속에서 두 사람은 평생 함께일 거야.

네가 오면 우리, 눈 속에 핀 매화를 보러 가자.

엄마 아빠가 함께 눈을 맞아줄게.

#14주

* 인연(因緣): 사람들 사이에 맺어지는 관계

이 세상에는 수많은 인연이 있어.

엄마 아빠도 서로에게 속삭이며 진심을 나누었고 그렇게 인연이 시작되었어.

또 너와도 만나게 되었지.

앞으로 우리는 어떻게 맺어지고 풀어지고 또 이어지게 될까?

그 마디마디에 언제나 진실함이 있기를 바라.

무지개의 시작과 끝

〈보이지 않는 강한 바람〉

한 인디언 마을에 남다른 재주를 가진 인디언 전사가 살고 있었어요. 그는 자기 모습을 남들 눈에 보이지 않게 감출 수 있는 능력이 있었어요. 그래서 적진에 몰래 들어가 적들이 어떤 계획을 세우는지 다 알아낼 수 있었죠. 사람들은 그런 그를 '보이지 않는 강한 바람'이라고 불렀어요.

'보이지 않는 강한 바람'은 바닷가 근처에 있는 천막에서 동생과 함께 살았어요. 마을 사람들은 마을을 지켜주는 그를 무척 좋아했답니다. 물론 여자들의 관심도 한 몸에 받았고요. 그는 동생에게 이렇게 일러두었어요.

"저물녘 내가 집으로 돌아올 때 처음으로 나를 보는 여자와 만날 거다."

몸을 감췄다 드러냈다 하는 능력을 가진 그였기에 그를 본다는 것은 쉽지 않은 일이었어요. 그런데 소문을 듣고 많은 여자가 그를 보려고 바닷가로 몰려들었어요. '보이지 않는 강한 바람'은 이들 가운데 누가 진실한 사람인지 알 수 없었어요. 그래서 한 가지 방법을 생각해냈죠.

"내가 돌아올 때 나와 만나겠다는 마을 여자 한 명씩과 바닷가를 거닐도록 해. 그런 다음 내가 보이는지 한번 물어봐. 할 수 있지?"

"알았어, 오빠."

동생은 오빠의 부탁대로 매일 날이 저물 즈음 여자 한 명과 함께 바닷가로 나갔어요.

"저기 우리 오빠가 보이나요?"

"네, 잘 보여요."

"오빠가 썰매를 끌고 오는 것 같은데 무엇을 실었나요?"

"사슴 가죽이네요."

하지만 '보이지 않는 강한 바람'은 아무것도 끌고 오지 않았어요. 아쉽게도 이런 일은 날마다 반복되었어요.

"저기 우리 오빠가 보이나요?"

"물론 보여요."

"오빠가 어깨에 뭘 둘렀네요. 저게 뭘까요?"

"가죽으로 만든 긴 끈이에요."

하지만 이번에도 그는 어깨에 아무것도 두르지 않았어요. 많은 여자가 그가 보이지 않는데도 보이는 척하려고 대강 짐작해서 대답

하는 거였어요. 거짓말이 반복되자 동생도 '보이지 않는 강한 바람'도 점점 지쳐 갔어요. 그러던 어느 날이었어요.

"저기 우리 오빠가 보이나요?"

"어쩌죠? 모습이 보이지 않아요."

한 여자의 대답에 동생은 깜짝 놀랐어요. 숨어서 지켜보고 있던 '보이지 않는 강한 바람'도 놀라기는 마찬가지였어요. 지금까지 진실한 대답을 한 사람은 아무도 없었으니까요. '보이지 않는 강한 바람'은 있는 그대로를 말하는 그녀를 평생 사랑할 수 있겠다고 생각했어요. 그 순간 사랑을 느낀 거예요. 잠시 후 동생은 그녀에게 다시 물었어요.

"이제 우리 오빠가 보이나요?"

"네, 이제 보여요. 너무 멋진 모습이에요."

"썰매에 무엇을 싣고 오나요?"

"와, 아름다운 무지개네요."

"어깨에 두른 것은요?"

"은하수예요. 눈부시게 빛나는 은하수."

'보이지 않는 강한 바람'은 진실한 그녀 앞에 드디어 모습을 드러냈어요. 비가 그치고 무지개가 시작되는 곳에서, 은하수처럼 그들은 만났어요.

- 인디언 전설

'보이지 않는 강한 바람'은

보이지 않는 것을 보이지 않는다고 말할 수 있는 사람을 찾고 있었어.

진실한 마음의 눈으로 대할 때 비로소 진짜 관계가 시작되니까.

그건 생각보다 어려운 일이란다.

그래도 몇 달 뒤, 오롯이 진실함만이 담긴 네 눈을 바라보고 있으면

엄마도 할 수 있을 것 같아.

#15주

이 세상 모든 사람의 심장은 지금 이 순간에도 같이 뛰고 있어.

엄마의 심장이 쿵쿵 뛸 때 너의 작은 심장이 콩콩 따라 뛰듯이.

심장과 심장이 만나는 것만큼 뜨거운 일이 또 있을까?

그러면 세상에는 따뜻한 피가 돌고 상처도 금세 나을 거야.

네 손을 잡아줄게

〈팥죽 할머니〉

어느 시골 마을에 팥죽을 잘 쑤기로 소문난 할머니가 살았어요. 할머니는 직접 팥 농사를 지어 그것으로 죽을 쑤었는데, 맛이 아주 일품이어서 먼 동네 사람들까지 다 알 정도였어요. 그날도 할머니는 쏟아지는 태양 아래 구슬땀을 흘리며 팥 농사를 짓고 있었어요. 그런데 한참 일을 하다 고개를 들어보니 바로 코앞에 호랑이가 와 있는 거예요. 할머니는 깜짝 놀라 뒤로 자빠지고 말았어요.

"하하, 꼴이 우습군. 내가 너무 배가 고프니 할멈을 잡아먹어야겠어."

할머니는 가끔 마을에 나타나 사람을 잡아먹는 호랑이라는 걸 알아챘어요. 할머니는 침을 한 번 꿀꺽 삼키고는 침착하게 말했어요.

"지금 나를 잡아먹으면 팥죽은 영영 못 먹게 될 거야. 내 팥죽이 얼마나 맛있는지 알지? 그러니까 겨울에 내가 쑨 팥죽을 먹고 나서 날 잡아먹는 게 더 좋지 않겠어?"

할머니의 팥죽 맛이 얼마나 기막힌지 소문을 들어 알고 있는 호랑이는 곰곰이 생각해보더니 고개를 끄덕였어요.

"좋아. 겨울에 올 테니 팥죽을 쑤어놔."

할머니는 순간의 기지로 위기를 모면하기는 했지만 하루하루가 서글프기만 했어요. 겨울이 오면 호랑이가 찾아올 테니까요. 시간은 야속하게 흘러갔어요. 그래도 할머니는 늘 하던 대로 열심히 팥 농사를 지었어요. 그리고 그해 첫 팥죽을 맛있게 쑤었지요. 할머니에게는 너무나 슬픈 마지막 팥죽이라 참고 있던 눈물이 주르륵 흘러내렸어요. 그때 어디선가 파리 한 마리가 날아왔어요.

"할머니, 올해 팥죽은 더 맛나 보이네요. 울지 말고 팥죽 한 그릇만 주세요. 호랑이는 나에게 맡겨요."

할머니는 눈물을 훔치며 정성을 가득 담아 파리에게 팥죽을 떠주었어요.

"네가 호랑이를 해치울 수는 없겠지만 참 고맙구나."

파리는 팥죽을 맛있게 핥아 먹었어요. 그러더니 윙 하고 날아가 호롱불 옆 벽에 찰싹 달라붙었어요. 다음에는 달걀이 찾아왔어요.

"할머니, 왜 그리 슬피 우세요? 걱정하지 마세요. 저도 팥죽 맛 좀 볼까요?"

달걀도 그렇게 팥죽을 얻어먹고는 아궁이로 들어갔어요. 이제는 게가 찾아와 팥죽을 먹고 물통 속에 숨었어요. 멍석도 와서 팥죽을 맛있게 먹고 마당에 벌러덩 드러누웠어요. 마지막으로 지게는 사립문 옆에 조용히 서 있었죠. 할머니는 차례로 팥죽을 나눠주고도 한 솥 가득한 팥죽을 보며 슬픈 예감이 들었어요.

'오늘 밤 호랑이가 찾아오겠구나…….'

할머니는 팥죽을 쑤느라 피곤했는지 울다가 깜빡 잠이 들었어요. 두려움을 가득 안은 채로 말이에요. 역시나 밖에서 무슨 소리가 들려왔어요. 호랑이였어요.

"팥죽 냄새가 기가 막히네. 할멈, 팥죽 한 그릇 내주쇼."

대답이 없자 호랑이는 할머니가 잠든 방으로 들어갔어요. 그런데 그때 호롱불 옆 벽에 붙어 있던 파리가 윙 하고 날아 호롱불을 꺼버렸어요. 그러자 방안이 컴컴해져 아무것도 보이지 않았어요.

"뭐야? 불이 어디 있지?"

"아궁이에 불씨가 있을 거야."

잠에서 깬 할머니는 영문을 몰라 호랑이에게 일러주었어요. 호랑이는 어둠 속에서 벽을 더듬으며 부엌에 있는 아궁이로 갔어요. 그러자 달걀이 호랑이의 눈을 향해 튀어 올랐어요.

"아이고, 내 눈!"

호랑이는 눈에 뭐가 들어

간 줄 알고 씻어내려 옆에 있는 물통에 얼굴을 박았어요. 그때 물통 안에서 숨죽이고 있던 게가 집게발로 호랑이 코를 물어버렸어요. 혼비백산한 호랑이는 마당으로 뛰쳐나갔어요. 기다리고 있던 멍석이 이때다 싶어 호랑이를 둘둘 말아 지게 위로 올라갔고, 사립문 옆에 있던 지게는 집 앞 개울가로 달려가 호랑이를 개울에 던져버렸어요.

"호랑이 살려!"

호랑이는 자기가 어디 있는지도 모른 채 개울을 둥둥 떠내려갔어요. 그해 겨울 할머니네 아궁이에는 팥죽을 쑤는 가마솥이 떠날 줄을 몰랐어요.

- 한국 전래동화

할머니네 집 굴뚝에는 온종일 연기가 피어오르고,

온 동네엔 팥죽 쑤는 냄새가 가득했겠지?

할머니네 가마솥에는 세상에서 제일 맛있는 팥죽이 끓고 있었을 거야.

그 풍경을 생각하니 엄마는 마음이 한없이 따뜻해졌어.

그리고 소망하게 되었어.

엄마의 아궁이에도 항상 따뜻한 온기가 가득하기를.

그 온기가 너에게 전해지고 또 세상에도 조금은 전해지기를.

#16주

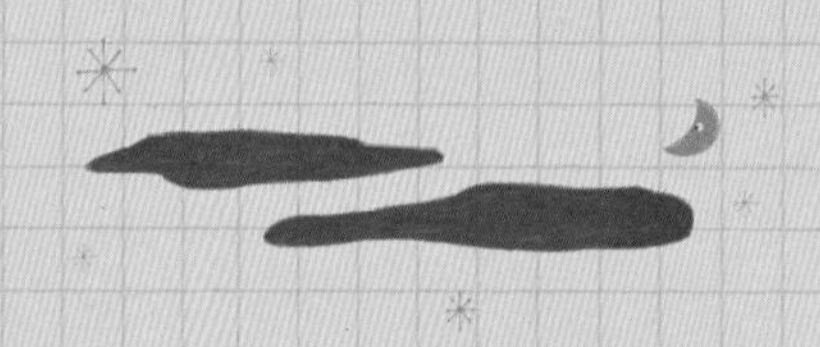

축하해, 아가야. 너에게도 너만의 지문이 생겼단다.

너라는 유일한 존재가 되어서 기뻐.

이제 너여서 너인 것, 너에게만 있는 것, 너만 가진 것이 더 많이 생기겠지?

그 모든 순간에 엄마가 곁에 있을 수 있음에 감사해.

너를 품에 안고

〈알페이오스 이야기〉

아르테미스는 사냥의 여신이에요. 자기의 벗은 몸을 본 사냥꾼을 사슴으로 만들어서 사냥개에게 물려 죽게 할 만큼 비정한 신이기도 하죠. 그런데 이런 그녀를 사랑하는 사람이 있었어요. 바로 알페이오스라는 남자였어요.

"나는 당신을 사랑합니다. 내 사랑을 받아주세요."

하지만 아르테미스는 그의 사랑을 받아들이지 않았어요. 알페이오스는 아르테미스를 그리워하며 그녀를 찾아 밤낮으로 돌아다녔어요. 물론 아르테미스도 그 사실을 알고 있었죠. 하지만 어쩐 일인지 다른 사냥꾼들에게 하듯 그를 해치지는 않았어요.

"그는 나를 사랑하는 게 아냐. 사냥의 여신으로 숭배할 뿐이지."

아르테미스는 알페이오스에게 이 사실을 깨닫게 해주고 싶었어요. 그래서 어느 날, 시녀들과 함께 알페이오스 앞에 나타났어요.

“나를 찾고 있느냐.”

알페이오스는 그렇게 찾아 헤매던 그녀가 나타나자 너무 기뻤어요. 그런데 그것도 잠시였어요. 아르테미스뿐만 아니라 같이 온 모든 여자들이 얼굴에 진흙을 바르고 있는 거예요.

“우리 가운데 누가 아르테미스인지 맞춰보아라.”

여자들은 쉽지 않을 거라는 듯 깔깔대고 웃었어요. 결국 알페이오스는 그 많은 여자 중에서 누가 아르테미스인지 알아보지 못했어요.

‘아, 나는 아르테미스를 사랑하는 게 아니었구나.’

알페이오스는 사랑한다면 아무리 얼굴에 진흙을 바르고 있어도 찾을 수 있어야 한다고 생각했어요. 그래서 그는 아르테미스를 더는 찾아다니지 않았어요. 그저 그녀를 잊으려 다시 사냥에 열중할 뿐이었지요.

시간이 흐르고 사랑의 상처에도 담담해질 무렵, 알페이오스는 다시 사랑에 빠졌어요. 강에서 목욕을 하고 있던 아레투사라는 님프(요정)였어요.

‘아, 사랑이 이런 걸까. 이번에는 그렇다고 확신할 수 있어.’

하지만 이번에도 아레투사는 그의 사랑을 거절했어요. 심지어는 그를 피해 멀리 이탈리아로 떠나버렸어요. 게다가 아르테미스에게 도움을 청해 샘물로 변신하기까지 했어요. 하지만 알페이오스는 사랑의 마음으로 그녀에게 닿기 위해 애썼어요.

'그래, 나도 물이 되는 거야.'

알페이오스는 스스로 몸을 던져 강이 되었답니다. 강이 된 그는 바다 밑을 흐르고 또 흘러 샘물이 된 아레투사에게까지 흘러들었어요. 아주 긴 여정이었어요.

"아레투사, 나예요."

마침내 그들은 만났어요. 그리고 하나가 되었지요. 사랑하는 이가 물이 되자 알페이오스 자신도 기꺼이 물이 된 거예요.

- 그리스 신화

알페이오스야말로 정말 사랑할 줄 아는 사람이었어.

알페이오스강은 실제로 그리스와 이탈리아 사이에 있는 바다 밑을 지난대.

그래서 알페이오스 강물과 아레투사 샘물의 맛이 똑같다고도 해.

사랑하는 사람이 물이 되자 자신도 기꺼이 물이 된 알페이오스처럼

엄마도 그렇게 너에게 닿기를 바라.

엄마도 우리 아가의 숨결을 고스란히 느끼고 싶어.

#17주

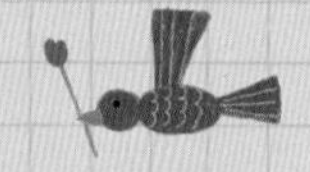

우리 아가가 자라면서 엄마 배가 동글동글해졌어.

조금씩 동그래지는 엄마의 배 때문일까?

어떻게 네가 우리에게 왔는지 갈수록 더 신비롭고 놀랍기만 해.

넓은 대지의 가르침대로 물처럼 살아가던 인디언들이 엄마에게 말해주었어.

바람이 알려줄 거라고. 지나가는 새가 들려줄 거라고.

바람이 전하는 말

〈삶은 여행〉

대지는 우리의 어머니, 그 어머니를 잘 보살피세요.

나무와 동물과 새들, 당신의 모든 친구를 존중하세요.

위대한 신비를 향해 당신의 가슴과 영혼을 여세요.

모든 생명은 거룩한 것, 모든 존재를 존경하는 마음으로 대하세요.

대지로부터 오직 필요한 것만을 취하고, 그 이상은 그냥 놓아두세요.

모두에게 선한 일을 행하세요.

날마다 새로운, 그 위대한 신비에 감사하세요.

진실을 말하세요. 하지만 사람들 속에선 오직 선한 것만을 보세요.

자연의 리듬을 따르세요. 태양과 함께 일어나고 태양과 함께 잠드세요.

삶의 여행을 즐기세요. 하지만 발자취를 남기지 마세요.

- 인디언 십계명

“미타쿠예 오야신.”

인디언 말로 ‘우리 모두는 서로 연결되어 있다’라는 뜻이야.

인디언들은 기도나 대화를 끝낼 때 항상 이 말을 하면서 마무리한대.

우리 모두는 생명의 원에 연결되어 있으니까.

그 넓은 대지로 이어지는 길에서 우리는 돌고 돌아 또다시 만날 거야.

3장 함께 숨 쉬는 나날들

지금 우리 아가는

18~20주

양수에서 자유롭게 헤엄쳐 다니며 가끔 발길질을 해요. 이때 엄마는 배 안에서 뭔가 꿈틀거리는 걸 느끼는데 이것이 바로 태동이에요. 간뇌가 발달하여 엄마의 감정을 똑같이 느낄 수 있어요.

21~24주

움직임이 더욱 활발해져요. 옷이 들썩일 만큼 꿈틀대기도 해서 엄마만 느끼던 태동을 이제 아빠도 느낄 수 있어요. 청각이 발달해서 엄마 몸 안은 물론이고 자궁 밖의 소리를 완전하게 듣고 반응해요. 뼈대와 관절이 크게 발달해요.

엄마의 몸은

18~20주

뱃속 아기의 움직임을 느낄 수 있어요. 첫 태동을 기록해두면 출산 예정일을 계산하는 데 도움이 돼요. 배꼽과 치골 사이의 배 중앙에 임신선이라고 하는 검은 선이 생기기도 하는데 출산하면 저절로 없어진답니다.

21~24주

배가 점점 불러오면서 체중이 늘어 허리나 등에 통증이 와요. 편한 신발을 신고 임신복을 입는 것이 좋아요. 신진대사에 변화가 일어나 덥다는 느낌이 들어요. 다리가 붓고 저릴 때도 있어요.

엄마의 마음은

18~20주

태동을 느끼면서 아기와 직접 교감하게 되면 기쁘고 놀랍고 신기한 마음이 들어요. 초음파로 아기를 생생하게 대면하는 자리에 아빠와 함께하세요. 태아가 머리를 좌우로 흔들고, 팔과 다리를 구부리고, 엄지손가락을 빠는 모습을 함께 보는 동안 아기에게 더 깊은 사랑이 생겨날 거예요.

21~24주

아기를 가까이 느끼면서 아기의 건강 등에 대해 걱정이 더 커질 수도 있어요. 아빠와 산책하고 대화를 나누며 둘만의 조용한 시간을 가져보세요. 엄마 아빠의 심리적 안정에 도움이 돼요.

이 시기의 태아는 엄마 자궁 밖의 소리를 잘 알아듣고 제대로 반응해요. 불쾌한 소리가 들리면 얼굴을 찡그리고 조용한 음악이 들리면 편안해하지요. 아기에게 엄마 아빠의 목소리를 자주 들려주세요. 이야기를 읽어주고 음악을 듣게 해주면서 말을 걸어보세요.

#18주

너와 함께 숨 쉰 나날이 몇 밤이나 지났을까?

그동안 엄마는 네가 보여주는 새로운 세상을 만났어.

엄마 안에도 이렇게 수없이 다양하고 새로운 감정들이 있었다니.

엄마는 하루 또 하루 새롭게 다짐하고 기도해.

그렇게 엄마가 되어가고 있나 봐.

네가 보여주는 세상을 만날 힘이 생기고 있나 봐.

너는 어디서 왔을까?

〈무지갯빛 물고기〉

사이먼은 가난한 어부예요. 그날도 사이먼은 물고기를 잡으러 선장과 함께 큰 배를 타고 바다로 나갔어요. 그는 쳐놓은 그물을 끌어 올리는 일을 맡았지요. 그물을 끌어 올릴 때가 되어 한참 열심히 잡아당기고 있는데 세상에, 살면서 한 번도 본 적 없는 물고기가 잡힌 거예요. 일곱 빛깔의 비늘이 무지개처럼 눈부시게 빛나는 물고기였어요.

'와, 이렇게 아름다운 물고기는 처음이야.'

사이먼은 그 아름다움에 반해 물고기를 선장 몰래 풀어주었어요. 사이먼 덕에 바다로 되돌아간 물고기는 그에게 고맙다는 듯 눈을 찡긋하고는 넓은 바다로 유유히 헤엄쳐 갔어요. 그런데 어쩌죠? 마침 선장이 그 희한한 광경을 보고 소리쳤어요.

"사이먼, 설마 저 물고기를 놓아준 거야? 저게 얼마나 비싸게 팔리는 줄 알아!"

단단히 화가 난 선장은 사이먼을 당장 해고했어요.

'스무 명이나 되는 가족을 이제 어떻게 먹여 살리지.'

사이먼은 걱정을 한 아름 안고 정처 없이 걷기 시작했어요. 그러다가 바닷가 절벽에 도착했어요. 그때 갑자기 하늘이 어두워지고 바람이 불어오더니 음산한 기운이 감돌았어요.

"나는 저승사자다. 겁내지 마라. 너를 도와주러 왔으니. 하하."

사이먼은 저승사자의 검은 기운에 눌려 꼼짝도 할 수 없었어요.

"들어봐라. 너에게 암소를 한 마리 주겠다. 이 암소는 특별해서 끝없이 우유를 짜낼 수 있지. 대신 너는 7년 뒤에 한 가지를 지켜야 한다. 7년이 지나고 내가 다시 찾아왔을 때 내가 하는 세 가지 질문에 답해야 해. 그러면 암소를 평생 가질 수 있게 해주겠다. 하지만 대답을 하지 못하면 너는 나와 함께 가야 한다."

사실 사이먼은 잃을 것이 없었어요. 지금 죽으나 7년 뒤에 죽으나 매한가지였으니까요. 적어도 7년 동안은 가족을 먹여 살릴 수 있으니 오히려 다행이지요..

'흠, 나쁘지 않은 거래야.'

사이먼은 알겠다며 고개를 끄덕였어요. 저승사자는 으스스한 웃음소리를 남기고 사라졌어요. 그리고 신기하게도 저승사자가 사라진 자리에 토실토실한 암소 한 마리가 서 있었어요. 사이먼은 암소를 데리고 집으로 돌아갔어요.

"사이먼, 그 암소는 뭐야?"

가족들이 놀라 물었어요.

"그게…… 누가 줬어. 우리가 길러도 된다고 했으니 젖을 짜서 치즈를 만들자. 그걸 내다 팔면 돈이 생길 거야."

가족들은 사이먼의 말대로 열심히 치즈를 팔아 많은 돈을 벌었어요. 몇 년 후 그 돈으로 바다가 보이는 곳에 식당을 차렸지요. 하루하루가 정신없이 흘러갔어요. 식당을 운영하느라 눈코 뜰 새 없이 바빴거든요. 사이먼은 7년 뒤 찾아오겠다고 한 저승사자의 말을 새까맣게 잊고 말았어요.

그날도 들이닥치는 손님들 때문에 정신없이 일하고 있는데, 갑자기 하늘이 어두워지고 바람이 불더니 음산한 기운이 몰려왔어요.

'뭔가 익숙한 장면이야. 설마…….'

까맣게 잊고 있던 7년 전 그날이 불현듯 떠올랐어요. 사이민의 예감은 적중했어요. 식당 안으로 들어온 것은 그때 그 저승사자였어요. 바쁘게 일하던 사이먼의 가족들은 물론 손님들도 깜짝 놀라 그 자리에 멈춰 섰어요. 오직 사이먼만이 지금이 어떤 상황인지 알 뿐이었죠.

"사이먼, 오랜만이다. 이제 질문에 대답할 준비가 되었나?"

저승사자가 으스스한 웃음소리를 내며 말했어요. 그러자 저쪽에서 무지갯빛 옷을 입은 손님이 벌떡 일어나 대답했어요.

"그럼요. 사이먼은 이미 준비가 되었어요. 이게 첫 번째 질문이죠? 자, 다음 질문하시죠."

사이먼은 놀라 뒤를 돌아보았어요. 무지갯빛 옷을 입은 손님은 식당을 열 때부터 자주 오던 단골손님이었어요. 그날도 와서 밥을 먹고 있었어요. 저승사자도 당황하긴 마찬가지였어요. 저승사자는 그 손님을 가리키며 사이먼에게 고함을 질렀어요.

"이 사람이 너 대신 얘기하는 거냐?"

그러자 또 무지갯빛 손님이 크게 대답했어요.

"그래요! 이게 두 번째 질문이네요? 마지막 질문 하시죠."

저승사자는 질문 두 개를 허무하게 써버린 데 화가 나서 생각할 겨를도 없이 손님을 향해 냅다 소리쳤어요.

"도대체 너는 누구냐?"

"나는 바닷속 물고기들의 여왕이오. 7년 전에 사이먼이 나를 구해주었지. 이게 당신의 세 번째 질문이군요? 이제 더는 질문하지 못해요."

저승사자는 머리끝까지 화가 나 얼굴이 붉으락푸르락해져서는 바람과 함께 사라졌어요.

- 영국 옛이야기

물고기들의 여왕이 보여준 재치에 엄마는 무척 감탄했어.

저승사자가 얼마나 분했을지 상상해보니 웃음이 나는 거 있지.

가끔은 엄마 앞에도 안개가 낀 것 같은 때가 있었어.

하지만 태양이 뜨면 안개가 걷히듯이 엄마 마음에도 곧 태양이 솟아오를 거야.

무지갯빛 물고기처럼 네가 어디선가 나타나 햇살을 비춰줄 테니까.

#19주

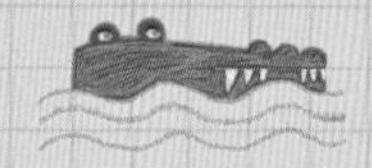

네가 나이고 내가 너인, 어쩌면 유일할 이 순간들.

엄마는 네 움직임을 처음 느끼던 그 순간을 영원히 잊지 못할 거야.

그런데 있잖아, 네가 엄마 배를 힘껏 찬다는 거 아빠는 아직 모른단다.

아직은 너와 엄마만 나눌 수 있는 추억이거든.

다시는 돌아오지 않을 이날들을 기억할게.

마법 같은 시간이야

〈원숭이 궁전〉

옛날에 조반니와 안토니오라는 쌍둥이 왕자가 살고 있었어요. 아버지인 왕은 왕위에서 물러날 때가 다가오자 고민에 빠졌어요. 사실 두 왕자 중 누가 먼저 태어났는지 알 수 없어서 누구에게 왕위를 물려줘야 할지 결정하기 힘들었거든요.

어느 날, 왕은 고민 끝에 두 아들을 불렀어요.

"오늘 짐을 꾸려 여행을 떠나거라. 그리고 세상을 여행하며 결혼할 상대를 찾아보아라. 가장 귀한 선물을 지닌 신부를 찾은 왕자가 이 나라의 왕이 될 것이다."

조반니와 안토니오는 갑작스러운 명령에 놀랐지만 이내 짐을 싸서 길을 떠났어요. 며칠 후 조반니는 큰 도시에서 어느 후작의 딸을 만나 약혼을 하고는 그녀가 건넨 선물을 가지고 궁으로 돌아왔어요. 왕은 그 선물을 열어보지 않고 안토니오가 가져올 선물을 기다렸어요.

한편 안토니오는 계속 말을 달리고 달려 깊은 숲속으로 들어갔어요. 길도 나 있지 않은 울창한 숲을 한참 헤치며 가자 갑자기 넓은 들판이 나타났어요. 그리고 저 멀리 우뚝 솟은 궁전이 보였어요.

'이런 곳에 궁전이 있다니…….'

알고 보니 그곳은 원숭이들이 사는 궁전이었어요. 원숭이들은 깊은 숲속 너머까지 찾아온 안토니오를 극진히 대접했어요. 밤이 되자 안토니오는 원숭이들이 넓은 방에 마련해준 푹신한 침대에 누워 잠을 청했죠. 온종일 말을 타고 달렸더니 무척 피곤했거든요. 그때였어요. 어둠 속에서 희미한 목소리가 들려왔어요.

"안토니오, 무슨 일로 이곳까지 온 건가요?"

안토니오는 깜짝 놀라 주위를 둘러보며 경계했어요. 그러다가 아까 원숭이들이 지친 자신을 얼마나 극진히 돌보았는지 떠올리고는 이곳까지 오게 된 사연을 들려주었어요. 어둠 속의 목소리는 그의 이야기를 다 듣더니 다시 말을 이어갔어요.

"그렇군요. 만약 저와 결혼하신다면 제가 귀한 선물을 드리겠습니다."

"정말입니까? 그럼 당신과 결혼하겠습니다."

"좋아요. 그러면 내일 당신 아버지에게 편지를 보내세요."

다음 날, 왕은 원숭이가 가져온 안토니오의 편지를 받았어요. 예상 밖의 모습을 한 집배원을 보고 놀라긴 했지만 그래도 아들이 잘 있다는 소식을 전해주니 고마웠어요. 그래서 원숭이를 궁전에 머물게 했어요.

그날 밤, 잠들었던 안토니오는 또다시 어둠 속에서 들리는 목소리에 잠에서 깨어났어요.

“안토니오, 저와 결혼하겠다는 마음에 변함이 없나요?”

“아 당신이군요? 물론이에요.”

“그럼 내일 당신 아버지에게 편지를 또 보내세요.”

이렇게 어둠 속의 목소리는 매일 밤 찾아와 마음이 변하지 않았는지 묻고는 계속 편지를 보내라고 했어요. 안토니오가 날마다 편지를 보내자 궁전은 편지를 가져간 원숭이들로 북적북적해졌어요.

드디어 한 달이 되던 날, 어둠 속의 목소리는 지금도 자기와 결혼하고 싶은 마음에 변함이 없는지 다시 한번 물었어요.

“이곳에 온 그날부터 지금까지 제 마음은 변함이 없습니다.”

“그럼 내일 당신이 떠나온 궁전에 함께 가요. 가서 결혼하겠다고 말해야지요.”

“정말이에요?”

안토니오는 진심으로 기뻤어요. 밤마다 이야기를 나누고 변하지 않는 마음을 확인하면서 어둠 속의 목소리를 사랑하게 되었거든요.

다음 날 아침이 밝았어요. 안토니오는 들뜬 마음으로 일어나 준비를 하고 원숭이 궁전 밖으로 나갔어요. 앞에 그를 기다리고 있는 마차가 보였어요. 안토니오는 한걸음에 달려가 마차 안을 들여다보았어요. 드디어 어둠 속의 목소리를 마주하는 순간이었으니까요. 그런데 놀랍게도 마차 안에는 원숭이가 앉아 있었어요. 안

토니오는 개의치 않았어요. 이미 그녀를 사랑하고 있었거든요.

"당신이었군요."

"혹시 실망하셨나요?"

"그럴 리가요. 어서 궁으로 갑시다."

둘은 얼굴을 마주하고 이야기를 나누며 무척 행복했어요. 마차가 왕의 궁에 도착하자 편지를 가져갔던 원숭이들이 둘을 반갑게 맞아주었어요. 한편 뒤쪽에 서 있던 사람들은 믿을 수 없다는 표정이었어요.

"안토니오 왕자가 원숭이를 결혼 상대로 택한 거야?"

"말도 안 돼."

사람들이 수군거리기 시작했어요. 왕은 그 광경을 지켜보다가 가만히 입을 열었어요.

"안토니오, 네 선택을 후회하지 않겠느냐? 잘 생각해야 한다. 왕이 되려는 사람은 자기 말을 번복해선 안 된다."

"저는 절대 후회하지 않습니다."

안토니오는 자신 있게 말했어요. 왕은 지난번에 조반니가 돌아왔을 때 그랬던 것처럼 원숭이에게도 선물을 받아두었어요. 내일 두 왕자의 결혼식에서 두 선물을 한꺼번에 개봉할 예정이었죠.

다음 날 아침, 안토니오는 결혼식 준비를 마친 원숭이를 데리러 갔어요. 방에 들어가니 원숭이의 뒷모습이 보였어요.

“자, 이제 우리 나갈까요?”

안토니오가 손을 내밀자 원숭이가 그를 향해 돌아섰어요. 그 순간, 안토니오는 소스라치게 놀랐어요. 원숭이가 아니라 사람의 모습인 거예요.

“놀라셨죠? 미안해요…….”

안토니오는 굳은 듯이 서서 원숭이, 아니 자신의 신부를 멍하니 바라보았어요. 원숭이였던 신부가 말했어요.

“당신의 변함없는 마음이 저를 마법에서 풀어주었어요.”

밖에는 원숭이와 결혼하는 안토니오를 보기 위해 수많은 사람이 몰려들었어요. 그런데 소문이 자자하던 원숭이는 온데간데없고 안토니오가 한 여자와 손을 잡고 걸어오는 모습이 보였어요. 게다가 두 사람이 행진하자 그 자리에 있던 원숭이들도 차례로 한 바퀴씩 돌면서 사람으로 변했어요. 사람들은 놀라 입을 다물지 못했어요.

“저 사람들, 원숭이가 되는 마법에 걸렸었나 봐!”

“세상에, 눈앞에서 이런 광경을 직접 보다니.”

이제 두 왕자가 가져온 선물을 열 차례였어요. 왕이 조반니의 신부가 가져온 선물을 열자 작은 새 한 마리가 금덩이를 물고 있었어요. 지켜보던 사람들은 모두 감탄했죠. 이번에는 안토니오의 신부가 가져온 선물을 열었어요. 그 속에도 새가 있었는데 입안에는 도마뱀이 들어 있었어요.

"와, 도마뱀이 어떻게 새 입에 들어갔지?"

그게 끝이 아니었어요. 도마뱀의 입에는 팔찌 백 개의 모양을 수놓은 비단이 잘 접혀 들어 있었어요. 사람들은 탄성을 지르며 손뼉을 쳤어요. 왕은 자신의 후계자가 누구인지 발표할 때가 되었다고 생각했어요. 조반니는 자신이 왕이 되지 못하리라는 예감에 표정이 어두워졌어요.

"내 뒤를 이어 누가 왕위에 오를 것인지 선포하겠도다."

그때였어요.

"안토니오는 어제 저에게 이 나라의 왕이 되지 않아도 좋다고 말했습니다. 안토니오는 저와 함께 돌아가 숲속 너머에 있는 왕국을 같이 다스릴 것입니다. 그의 변하지 않는 마음이 저와 백성들을 마법에서 풀려나게 했습니다. 부디 허락해주십시오."

앞에 서 있던 안토니오의 신부가 간절함을 담아 말했어요. 지켜보던 사람들은 떠나갈 듯 환호를 보냈어요. 왕도 흐뭇한 미소를 지었지요. 이후 조반니는 왕위를 물려받았고, 안토니오와 신부는 숲속 너머 궁전으로 들어가 마법이 풀린 왕국을 평화롭게 다스렸답니다.

- 이탈리아 옛이야기

안토니오의 변함없는 마음이 원숭이 신부를 마법에서 풀려나게 했구나.

변하지 않는 단단한 마음은 어려움을 이겨내고 서로를 지켜낸단다.

어떤 것도 꿋꿋이 참고 받아들일 수 있는 힘이 생기는 거야.

엄마 아빠도 변하지 않는 마음으로 너와 함께할게.

믿음으로 너를 지켜낼게.

#20주

엄마 아빠는 네가 손을 내밀고, 다리를 구부리고, 손가락을 빨면서 노는 모습을 지켜볼 수 있게 되었어.

우리는 그 생생함에 감격해서 네가 더 궁금해졌어.

우리 아가는 어떻게 생겼을까? 누굴 닮았을까? 아니면 아무도 닮지 않았을까?

무엇을 좋아할까? 목소리는 어떨까? 엄마 아빠의 목소리를 듣고 있을까?

서툴러도 괜찮아

〈사람과의 거리〉

나무 한 그루의 가려진 부피와 드러난 부분이
서로 다를 듯 맞먹을 적에
내가 네게로 갔다 오는 거리와
네가 내게로 왔다 가는 거리는
같을 듯 같지 않다

하늘만 한 바다 넓이와 바다만큼 깊은 하늘빛이
나란히 문 안에 들어서면
서로의 바람은 곧잘 눈이 맞는다
그러나 흔히는 내가 너를 향했다가 돌아오는 시간과
네가 내게 머물렀다 떠나가는 시간이

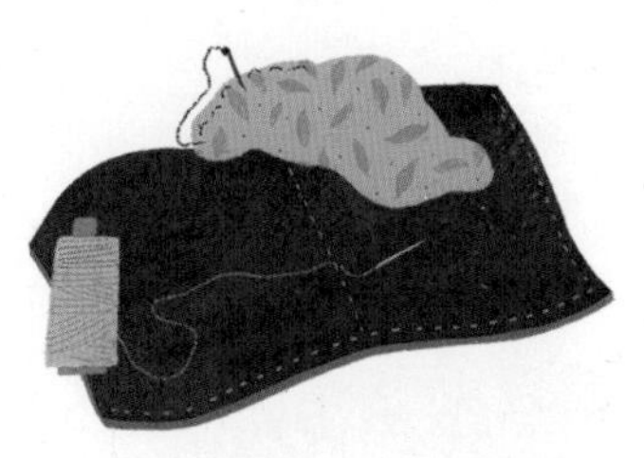

조금씩 비껴가는 탓으로

우리는 때 없이 송두리째 흔들리곤 한다

꽃을 짓이기며 얻은 진한 진액에서

꽃의 아름다움을 찾아보지 못하듯

좋아하는 사람 곁에 혹처럼 들러붙어 있어도

그 사람과의 거리는 가까워지지 않는다

꽃과 꽃처럼 아름다운 사람은

눈앞에 있을 때 굳이 멀리 두고 보듯 보아야 하고

멀리 있을 때 애써 눈앞에 두고 보듯 보아야 한다

누구나 날 때와 죽을 때를 달리하는 까닭에

꽃과 꽃처럼 아름다운 이에게 가는 길은

참으로 이 길밖에 딴 길이 없다 한다

- 무명 시

엄마 아빠는 아직 조금 서툴러. 어쩔 줄 몰라 허둥대기도 해.

사랑이 무엇인지, 생명을 어떻게 껴안아야 하는지 배우는 중이거든.

그래도 지금은 그저 서로를 사랑할 시간, 함께하는 이 순간을 소중히 할 시간이야.

흔들리는 날들 속에서도 우리가 여기 서 있는 이유는

이 길이 너에게 닿는 길이기 때문이야.

엄마 아빠는 서툴지만 이 길에서 너를 사랑할 준비를 하고 있어.

#21주

어떤 날은 마음이 소란스럽게 요동칠 때가 있어.

그러면 예전과 다르게, 네가 엄마를 찾아온 다음부터는

그런 마음을 조용히 들여다보게 되었어.

누군가 그랬거든. 우리는 마음으로부터 절대 헤어날 수 없으니

그것이 무엇을 말하는지 들어야 한다고.

마음의 온도

〈삼 년 고개〉

어느 산골에 할아버지와 할머니가 서로를 위하며 살아가고 있었어요. 큰 걱정거리 없이 하루하루가 평화로웠답니다. 아 그런데 딱 한 가지 걸리는 게 있다면, 바로 근처에 있는 '삼 년 고개'였어요. 삼 년 고개는 거기서 넘어지면 삼 년밖에 살지 못한다고 해서 붙여진 이름이에요.

"할멈, 이 고개를 넘을 때는 한 걸음 한 걸음 조심해서 디뎌야 해."

"암요. 영감도 조심하구려."

할아버지와 할머니는 삼 년 고개를 넘어 장에 갈 때마다 넘어지지 않으려고 조심조심 걸었어요. 그러던 어느 날, 할아버지가 혼자 장에 갔다가 집으로 돌아가고 있었어요. 마침 삼 년 고개를 넘고 있는데 갑자기 사슴이 불쑥 나타나지 뭐예요. 깜짝 놀란 할아버지는 사슴을 피하려다가 그만 고개에서 넘어지고 말았어요.

'아이고, 큰일 났구나. 이제 삼 년밖에 못 살 거야…….'

할아버지는 근심 가득한 얼굴로 집에 돌아왔어요. 저녁도 먹지 않고 몸져누워 한숨만 푹푹 쉴 뿐이었지요. 할머니는 할아버지가 걱정되기 시작했어요.

"영감, 장에서 무슨 일이 있었소? 아니면 어디가 아픈 거요? 말 좀 해보구려."

"그게…… 내가 집에 오다가 삼 년 고개에서 그만 넘어져 버렸소. 이제 나는 삼 년밖에 살지 못할 거요."

"아이고 영감, 이게 무슨 일이라오."

할머니는 할아버지의 말에 구슬피 울기 시작했어요. 서러운 할머니의 울음소리에 지나가던 선비가 무슨 사연인가 하고 대문을 두드렸어요. 할머니는 울먹이며 자초지종을 얘기했어요. 이야기를 다 들은 선비는 할아버지 할머니를 안심시키며 말했어요.

"걱정하지 마세요. 별일 아닙니다."

"별일 아니라니! 자기 일 아니라고 그렇게 얘기하는 거요?"

할아버지는 화가 나서 말했어요. 그러자 선비는 다시 웃으며 이야기했어요.

"삼 년 고개에 가서 또 넘어지시면 됩니다."

이 말에 할아버지는 더 화가 나서 소리쳤어요.

"지금 뭐라는 거요? 함부로 말하지 마시오!"

"제 말 좀 들어보십시오. 삼 년 고개에서 한 번 넘어지면 삼 년을 산다고 하잖아요? 그러니 한 번 더 넘어지면 육 년, 또 한 번 넘어지면 구 년, 다시 또 넘어지면 십이 년을 살지 않겠습니까?"

할아버지와 할머니는 기뻐서 입을 다물 수 없었어요. 할아버지는 곧장 삼 년 고개로 가서 옷이 흙투성이가 되도록 신나게 구르기 시작했어요. 얼마나 굴렀는지 얼굴이 검댕이 되었지만 함박웃음이 떠나질 않았어요.

그 덕분인지 삼 년이 지나고 육 년이 지나도 할아버지와 할머니는 여전히 함박 웃음을 지으며 잘 살았대요. 예전처럼 서로를 아끼면서 말이에요.

- 한국 전래동화

때로는 마음에 폭풍우가 치고 파도가 밀려와도 이젠 괜찮아.

긍정의 힘이 무엇인지 알게 되었거든.

아가야, 엄마는 이제 긍정의 힘으로 하루하루를 살아갈 거야.

우리의 우주는 마법으로 가득 찰 거야.

아무것도 아니라고 생각하면 정말 아무것도 아니게 되는 마법 말이야.

#22주

요즘 아빠는 네가 발차기를 할 때면

그걸 더 가까이 느껴보려고 엄마 배에 귀를 대곤 해.

그러면서 노래도 불러준단다.

이제 아빠도 너를 더 가까이 느껴.

생명을 품고 그 꿈틀거림을 느끼는 게 이토록 경이롭고 아름다운 경험인지 몰랐어.

네가 우리에게 성큼 더 다가왔나 봐.

이게 바로 사랑일 거야

〈행복한 왕자〉

마을 광장의 높은 탑 위에 온몸이 금으로 반짝거리는 행복한 왕자의 동상이 서 있었어요. 신비로운 사파이어로 만들어진 두 눈으로 도시를 내려다보고 있었죠. 손에 들고 있는 칼자루에는 멋진 루비도 박혀 있었어요. 행복한 왕자의 동상을 본 사람들은 누구나 그 화려한 모습에 감탄했어요.

"저 왕자는 정말 행복해 보여."

한편 지난봄 따뜻한 곳을 찾아 날아온 작은 제비는 혼자 남아 갈대 주변을 맴돌고 있었어요. 가을이 되자 다른 친구들은 남쪽으로 떠났지만 차마 발길이 떨어지지 않았죠. 아름다운 갈대를 사랑하게 되었거든요.

'갈대는 내가 보이지도 않나 봐. 여기 계속 머물다간 얼어 죽고 말 거야.'

결국 제비는 친구들을 따라가기로 마음먹고 온종일 날아 이 도시에 도착했어요. 저 멀리 탑 위에 동상이 보였죠.

‘저기서 쉬면 되겠어. 높아서 사람들 눈에 띄지도 않고.’

제비는 행복한 왕자의 발 사이에 자리를 잡았어요. 아예 한숨 자고 가려고 몸을 한껏 웅크리는데 갑자기 위에서 물방울이 툭 떨어졌어요. 놀란 제비는 ‘비가 오나?’ 하고 하늘을 바라보았어요. 구름 한 점 없는 파란 하늘이 눈에 들어올 뿐이었어요. 그때 또 물방울이 투두둑 떨어졌어요.

‘안 되겠군. 다른 곳을 알아봐야지.’

제비가 다른 곳으로 날아가려고 날개를 펴는 순간 또다시 물방울이 날개 위로 툭툭 떨어졌어요. 제비는 재빨리 위를 올려다보았어요. 황금빛 왕자가 눈물을 주르르 흘리고 있었어요.

“당신은 누구죠? 지금 울고 있는 거예요?”

“나는 행복한 왕자라고 해. 여기서 도시를 내려다보고 있으니 슬픈 일이 너무 많아. 그래서 자꾸 눈물이 난단다. 살아 있을 때는 슬픔이 뭔지 몰랐어. 높은 담장 안에서 친구들과 뛰어놀기만 했으니 말이야. 나를 ‘행복한 왕자’라고 부르던 사람들은 내가 세상을 뜨자 동상으로 만들어 나를 여기에 세워두었어.”

“그렇군요.”

“여기 골목길에 있는 낡은 집에는 한 여인이 살아. 어린 아들이 아파서 돈이 많이 필요해. 온종일 쉬지 않고 바느질을 하다 보니 손이 상처투성이야. 제비야, 내 칼자루에 박힌 루비를 뽑아서 저 여인에게 가져다줄 수 있겠니? 나는 동상이어서 움직일 수가 없어."

제비는 고민이 되었어요. 지금 휴식을 취해야 열심히 날아서 친구들을 따라잡을 수 있으니까요.

"오늘 한 번만 안 될까? 아이가 기침을 더 심하게 하는구나."

제비는 눈물이 그렁그렁한 행복한 왕자의 눈을 보니 외면할 수가 없었어요.

"딱 한 번이에요. 부탁하신 대로 할게요."

"정말 고맙구나."

제비는 왕자의 칼자루에 박힌 루비를 뽑아 입에 물고 여인의 집으로 날아갔어요. 그러고는 집 안으로 몰래 들어가 여인이 바느질하던 탁자 위에 루비를 툭 내려놓았어요. 다시 돌아온 제비는 행복한 왕자에게 말했어요,

"그런데 이상해요. 저는 추운 곳에서 살지 못하는데 몸이 따뜻해졌어요."

다음 날이 되었어요. 제비는 빨리 친구들을 쫓아가야겠다고 생각하며 남쪽 나라로 떠날 채비를 하고 있었어요. 그때였어요.

"제비야, 아쉽구나. 하룻밤만 더 머물다 가면 안 되겠니? 저쪽 마을에 보이는 다락방에는 한 청년이 살아. 연극 대본을 써야 하는데 어쩐 일인지 책상에 엎드려 꼼짝도 하지 않네. 벽난로 불씨는 예전에 꺼졌고 며칠 동안 아무것도 못 먹어서 기운이 없나 봐."

행복한 왕자의 말에 제비는 한숨을 푹 쉬었어요.

“청년은 살려야겠죠? 그럼 하룻밤만 더 있다 갈게요. 하루 정도면 괜찮을 거예요.”

“착한 제비야, 고마워.”

“루비는 또 어디 있어요?”

“이제 루비는 없어. 그래도 내 눈엔 귀한 사파이어가 박혀 있어. 눈을 빼서 청년에게 물어다 주렴.”

“저보고 왕자님 눈을 뽑으라는 거예요? 그러면 앞을 못 보게 되잖아요.”

착한 제비는 마음이 아파서 차마 그럴 수 없었어요.

“난 괜찮아. 제발 부탁이야.”

제비는 어쩔 수 없이 왕자의 두 눈을 빼서 청년의 다락방으로 날아갔어요. 어제처럼 책상 위에 사파이어를 놓아두고 나왔죠. 잠시 기운을 차린 청년이 사파이어를 보고 기뻐하리라는 생각에 왕자는 마음이 흐뭇했어요. 제비는 다시 왕자 곁으로 돌아왔어요.

“이제 왕자님은 앞을 볼 수 없네요. 하지만 걱정하지 마세요. 제가 옆에서 친구가 되어드릴게요.”

그날부터 제비는 도시를 날아다니며 본 것들을 왕자에게 조곤조곤 들려주었어요.

“헐벗은 아이들이 비를 맞고 돌아다녀요. 비를 피하려고 골목길 지붕 아래에서 자고 있는데 지나가던 경찰이 다 쫓아버렸어요.”

행복한 왕자는 안타까워하며 잠시 생각에 잠겼어요. 그러더니 이렇게 말했어요.

"제비야, 내 몸은 순금으로 덮여 있어. 그래서 황금빛이 나는 거란다. 내 몸의 금박을 벗겨서 아이들에게 가져다주렴."

제비가 왕자의 금박을 벗겨갈수록 왕자의 몸은 초라해졌어요.

날씨가 점점 추워지자 제비는 도시를 날아다닐 힘이 없었어요. 그래도 행복한 왕자 곁에 머물며 어떻게든 몸을 따뜻하게 해보려고 날개를 푸덕거리곤 했죠.

서리가 많이도 내린 날, 제비는 이제 마지막 힘을 내서 왕자의 어깨에 날아올랐어요.

"사랑하는 왕자님, 저는 이제 떠날 때가 되었어요. 친구들이 있는 남쪽 나라보다 훨씬 따뜻한 곳일 거예요. 왕자님을 영원히 잊지 않을게요."

제비는 왕자에게 입을 맞추고는 쓰러져 영원히 잠들었어요. 그 순간 왕자의 가슴속에서 무언가가 두 동강 나는 것 같았어요. 납으로 만들어진 심장이 깨진 거였지요.

다음 날, 광장을 지나가던 사람들은 동상을 올려다보며 웅성거렸어요.

"저게 행복한 왕자 맞아? 너무 흉물스럽군."

"그러게. 사파이어로 된 눈은 어디로 가고 금박도 다 벗겨졌네."

"옆에 죽어 있는 제비는 또 뭐야?"

얼마 후 도시의 시장은 행복한 왕자의 동상을 철거하라고 지시했어요. 동상은

용광로로 옮겨져 불에 활활 타올랐어요. 그런데 이상한 일이 하나 있었어요.

"왜 이러지? 납으로 된 심장인데 당최 녹지를 않아."

"그냥 갖다버려."

용광로에서 일하는 사람들은 의아해하며 왕자의 납 심장을 쓰레기 더미에 버렸어요. 거기에는 죽은 제비도 버려져 있었죠.

시간이 흐르고 흐른 어느 날, 하늘에서 하나님이 한 천사를 불러 말했어요.

"저 도시에 내려가 가장 귀한 것을 가져오너라."

천사는 도시를 둘러보다가 마침내 그것들을 하늘로 데려왔어요. 행복한 왕자의 납 심장과 죽어 있는 제비였어요.

- 아일랜드 동화

(이 이야기는 오스카 와일드의 〈행복한 왕자〉를 개작한 것입니다.)

사랑을 준다는 건 이렇게도 숭고한 일이었어.

네가 오는 동안 엄마 아빠가 준비할 것은 무엇보다 사랑하는 마음,

서로를 껴안는 따뜻한 마음이란 걸 알았어.

행복한 왕자와 작은 제비가 알려준 그 사랑으로 너를 기다릴게.

엄마도 아낌없이 사랑을 줄게.

#23주

네가 엄마 뱃속에서 꼬물꼬물 자라는 동안

엄마 아빠는 서로를 더 이해하게 되었어.

신기하지? 손을 잡고 산책을 하고, 서로의 어린 시절을 들려주고,

오늘 하루가 어땠는지 이야기를 나누었어.

마음의 고요와 폭풍우와 따뜻한 햇볕이 같은 대지에 흘러내렸어.

엄마 아빠는 오늘도 서로의 어린 시절로 여행을 떠났단다.

다 네 덕분이야. 우리에게 와줘서 고마워.

함께하는 시간이 차오르면

〈한 지붕 한 가족〉

'집을 지어야겠어. 그리고 거기서 오래오래 살아야겠어.'

떠돌이 생활에 지친 사슴 한 마리가 어느 날 정착할 곳을 찾아야겠다고 마음먹었어요. 그때부터 사슴은 집을 지을 만한 곳이 있는지 열심히 찾아다녔죠. 그러다가 마침 아늑하고 좋은 터를 발견했어요.

"그래, 바로 여기야!"

그런데 며칠 뒤 재규어 한 마리가 같은 곳에 와서 기뻐하며 똑같이 외치는 거예요.

"그래, 바로 여기야!"

사실 재규어도 사슴처럼 집을 지을 만한 장소를 찾아다니고 있었거든요. 며칠 만에 운 좋게 괜찮은 곳이 눈에 들어온 거죠.

다음 날, 사슴은 일찍 일어나 보금자리가 될 그곳을 부지런히 청소했어요. 잡초를 뽑고 돌을 치우면서요. 그다음 날, 이번에는 재규어가 집을 지으러 그곳에 갔다가 깨끗해진 집터를 보고 깜짝 놀랐어요.

'이럴 수가! 벌써 정리가 돼 있네? 하늘이 날 도와주시나 봐.'

재규어는 기뻐하면서 땅을 평평하게 만들고 깨끗하게 쓸어놓았어요. 다음 날 아침, 흥얼거리며 집터로 달려온 사슴은 어리둥절했어요.

'어라? 오늘 바닥 청소를 마무리하려 했는데……. 이건 하늘이 도와주시는 거야.'

사슴은 무척 기뻤어요. 그래서 벽을 튼튼하게 쌓고 주변을 말끔하게 청소했어요. 이렇게 사슴과 재규어는 하루씩 같은 곳을 오가며 지붕을 올리고 방을 만들었어요. 마침내 집을 완성한 사슴은 하늘에 감사 인사를 올렸어요.

"도와주셔서 고맙습니다!"

사슴은 집에 들어가 행복하게 잠자리에 들었어요. 바로 깊은 잠에 빠졌죠. 그날 밤, 재규어도 집에 찾아왔어요. 재규어는 완성되어 있는 집을 보고 역시나 하늘에 감사하며 방에 들어가 잠을 청했어요. 설마 누가 있으리라고는 상상도 못 하고요. 다음 날 아침이 되자 거의 동시에 눈을 뜬 사슴과 재규어는 서로를 보고 깜짝 놀랐어요.

"왜 남의 집에서 자고 있는 거야?"

"남의 집이라니? 이 집은 며칠 전부터 내가 지었는데?"

"무슨 소리야? 내가 바닥도 정리하고 열심히 청소했는데."

"그럼 우리 둘이 번갈아 가며 집을 지었다는 건가?"

"그런 모양이군. 할 수 없지. 그럼 같이 사는 수밖에……."

어쩔 수 없이 함께 살게 된 사슴과 재규어는 서로 일을 분담하며 제법 잘 지냈어요. 그러던 어느 날, 재규어가 사슴에게 말했어요.

"내가 사냥을 해 올 테니, 너는 장작을 좀 구해서 냄비에 물을 끓여놔."

재규어는 바로 밖으로 나갔어요. 사슴은 요리 준비를 하며 이렇게 생각했어요.

'재규어가 계속 먹을 걸 구해 오면 편하겠네. 이렇게 살아도 괜찮겠어.'

반나절이 지나자 재규어가 의기양양하게 돌아왔어요. 그런데 재규어가 잡아온 동물은 놀랍게도 사슴이었어요. 그것을 본 사슴은 너무 놀라 아무 말도 할 수 없었어요. 재규어는 사슴의 마음을 아는지 모르는지 눈치도 없이 계속 같이 먹자고 재촉했어요. 그러다가 혼자 배 터지게 먹고는 스르르 잠이 들었어요. 사슴은 재규어가 자기도 해칠지 모른다는 생각에 겁이 나서 잠이 오지 않았어요. 뜬눈으로 밤을 지새운 사슴은 다음 날 재규어에게 제안했어요.

"이번에는 내가 먹을 것을 구해 올게."

얼마 후 사슴이 집에 돌아왔어요. 콧노래를 부르며 냄비에 물을 팔팔 끓이고 있던 재규어는 사슴이 가져온 사냥감을 보고 입맛이 싹 사라졌어요. 그건 바로 새끼 재규어였거든요. 그날 밤 재규어도 불안함에 잠을 이루지 못했어요. 사슴도 잠을 못 이루기는 마찬가지였어요. 하지만 밤이 깊어가자 둘 다 깜빡 잠이 들었어요. 그때였어요. 사슴과 재규어가 불안에 떨다가 앉아서 졸고 있는데 갑자기 '쿵!' 하는 소리가 들렸어요. 사슴이 고개를 꾸벅거리면서 자다가 뿔을 벽에 부딪힌 거예요. 놀란 재규어는 집 밖으로 뛰쳐나갔어요.

"악! 이건 사슴이 날 잡으러 오는 소리야!"

사슴도 재규어의 고함 소리에 놀라 얼른 도망쳤어요.

"재규어가 날 잡으러 오나 봐!"

사슴과 재규어는 그렇게 갖고 싶어 하던 집을 내팽개치고 멀리 가버렸어요.

- 브라질 전래동화

사슴과 재규어는 함께 살기로 했으면서도 서로를 이해하려 하지 않았고

믿지도 못했어.

믿지 못하니까 계속 의심하고 불안에 떨었지.

서로를 믿어야 비로소 함께할 수 있는데 말이야.

함께하는 시간이 차오르면 더 행복한 날들이 펼쳐져.

함께 나누고 만들어가는 삶은 늘 넉넉하고 평화로워.

#24주

처음에 엄마는 너를 만나러 가는 시간이 길다고만 생각했어.

우리 아가를 하루라도 빨리 보고 싶었거든.

그런데 이제 깨달았지 뭐야.

엄마에게도 충분한 시간이 필요했던 거야.

엄마의 마음에 너의 자리를 만들고,

너를 온 마음으로 축복할 준비를 하기 위해서였던 거야.

이런 시간을 지나야 비로소 우리 아가를 만날 수 있는 거였어.

우리가 만나는 날까지

〈같은 하늘 아래〉

"젊을 때는 부자로 살고 늙어서 가난하면 좋겠느냐, 젊을 때는 가난하지만 늙어서 부자로 살고 싶으냐?"

류즈갸르올루(바람의 아들)는 숲속에 사냥을 하러 나갔다가 어디선가 들려오는 목소리에 화들짝 놀랐어요. 너무 갑작스러운 데다 엉뚱하고 난데없는 질문이었으니까요. 황급히 주위를 둘러보았지만 수상한 것은 눈에 띄지 않았죠. 사실 그는 매일 한가하게 사냥을 다녀도 될 만큼 부족한 것 없이 살고 있었어요. 그런데 이상하게 그 질문이 계속 머릿속을 맴돌았어요.

'둘 중 하나를 고르라면 늙어서 부자인 쪽이 낫겠지? 나는 지금 풍족하니까 늙어서도 부자로 살면 더할 나위 없을 거야. 근데 왜 이런 쓸데없는 질문에 진지하게 대답하는 거지?'

류즈갸르올루는 혼자 피식 웃으며 산길을 걸어 집으로 돌아가고 있었어요. 그런데 어쩐 일인지 데려온 사냥개 두 마리가 시내를 건너다 물에 빠져 죽어버렸어요. 그는 아끼던 사냥개들이 물에 떠내려가는 것을 속수무책으로 지켜보며 가슴이 아팠어요.

'항상 사냥감을 물고 나에게 달려와 주던 아이들이었는데…….'

이제까지 큰 슬픔을 겪어보지 못했던 그는 눈물을 흘리며 집으로 돌아왔어요.

이윽고 밤이 되자 맑기만 하던 하늘에 갑자기 먹구름이 끼더니 거센 바람이 불기 시작했어요. 엎친 데 덮친 격으로 류즈갸르올루의 저택 바로 옆에 있는 풀더미에 벼락이 떨어졌어요. 바짝 말라 있던 풀더미는 순식간에 불타올랐고, 그 불은 류즈갸르올루의 저택을 집어삼켰어요.

"얘들아, 어서 나가! 위험해!"

류즈갸르올루 가족은 간신히 몸만 빠져나와 불타오르는 집을 망연자실하게 바라봤어요. 걱정이라곤 모르고 살았던 가족에게 시련이 닥쳐왔죠. 다섯 살짜리 아들과 네 살짜리 딸이 계속 울어대자 아내는 눈물을 훔치며 아이들을 끌어안았어요. 류즈갸르올루는 아내를 다독였어요.

"너무 걱정하지 말아요. 힘을 내야 다시 일어설 수 있지 않겠소. 열심히 일하면 곧 좋은 날이 올 거요."

아무것도 가진 것 없는 류즈갸르올루 가족은 먼 길을 걸어 어느 마을에 도착했어요. 거기서 농장 일을 하면 입에 풀칠을 할 수 있었어요. 하지만 얼마 가지 않아 그곳에서도 할 일이 없어졌어요. 가족은 다시 길을 떠나야 했어요. 얼마나 걸었을까요? 한참을 걸어 숲을 지나니 앞에 시내가 나타났어요. 비가 많이 와서인지 물이 불어났지만 건널 다리가 없었어요. 어른은 헤엄쳐서 건널 수 있다 해도 어린 아이들은 무리였어요.

"아, 좋은 생각이 있어!"

류즈갸르올루는 근처에 있는 숲에서 나뭇가지를 가져와 그것을 엮어 작은 뗏목 두 개를 만들었어요. 하나에는 아들을 태우고, 다른 하나에는 딸을 태웠죠.

"우리가 아이들을 태운 이 뗏목을 끌고 물을 건넙시다."

류즈갸르올루와 아내는 뗏목을 각각 하나씩 붙잡고 헤엄치며 물을 건너고 있었어요. 그런데 거의 다 건넜는가 싶었는데 갑자기 물살이 세지면서 잡고 있던 뗏목을 놓쳐버렸어요.

"안 돼! 얘들아, 얘들아!"

류즈갸르올루와 아내는 그만 주저앉아버렸어요. 아이들을 태운 뗏목은 물살에 휩쓸려 눈앞에서 사라진 지 오래였어요. 두 사람은 땅으로 올라와 통곡했어요.

"세상에, 어떻게 이럴 수가 있단 말이오."

"모든 것을 가져가 버렸어요. 우리에겐 아무것도 남아 있지 않아요."

두 사람은 넋이 나간 채로 다른 마을에 도착했어요. 배를 채우려면 거기서도 밤늦게까지 닥치는 대로 일을 해야 했어요. 잃어버린 아이들을 찾으러 나설 수가 없었어요. 그런데 어느 날, 왕의 부하들이 마을을 찾아왔어요.

"우리는 궁에서 일할 요리사를 찾고 있소."

부하들은 류즈갸르올루의 아내에게 궁에 함께 가지 않겠느냐고 제안했어요. 류즈갸르올루는 아내가 여기서 고생하는 것보다 그편이 낫겠다고 생각했어요. 아내도 눈물을 머금고 궁에 들어가기로 했어요. 꼭 다시 만나자는 약속과 함께.

홀로 남은 그는 여러 마을을 전전하며 쉬지 않고 열심히 일했어요. 오직 하나의 희망 때문이었어요.

'언젠가는 아내와 아이들을 만날 거야. 다시 함께 행복하게 살 수 있을 거야.'

류즈갸르올루는 이곳저곳을 떠돌아다니다 큰 도시로까지 흘러들었어요. 그런데 거기서 한 부관이 하는 말을 듣게 되었어요.

"궁 안에 있는 귀중한 궤를 지킬 사람이 두 명 필요하네."

류즈갸르올루는 궁에 들어가면 혹시 아내를 만날 수 있지 않을까 해서 부관에게 자기를 뽑아달라고 간절히 부탁했어요. 부관은 의외로 흔쾌히 허락했어요. 그렇게 류즈갸르올루와 다른 한 사람은 온종일 기다란 궤 주위를 왔다 갔다 해야 했어요.

그러다 지루해진 두 사람은 지금까지 어떻게 살아왔는지 자기 이야기를 하게 되었어요.

"믿을지 모르겠지만 나는 예전에 저택에 살았어. 그런데 어느 날 집에 불이 나서 몸만 간신히 빠져나오게 되었어. 가족들과 떠돌아다니다가 다 뿔뿔이 흩어지고 말았지. 불행의 연속이었어. 아내와 아이들이 너무 보고 싶어. 살아 있기는 한지……."

류즈갸르올루는 말을 끝까지 잇지 못했어요. 자기도 모르게 눈물이 주르륵 흘러내렸어요. 그때였어요. 어디선가 쉰 목소리가 들려왔어요.

"울지 말아요. 나 여기 있어요. 나를 꺼내주세요!"

온 힘을 다해 절규하는 듯한 목소리였어요. 두 사람은 깜짝 놀라 목소리가 어디서 들려오는지 귀를 기울였어요. 놀랍게도, 자기들이 지키던 궤에서 나는 소리였어요. 류즈갸르올루는 정신없이 궤의 윗부분을 부수고 뚜껑을 열었어요. 그러자 그토록 보고 싶던 아내가 눈앞에 보였어요.

"당신이 왜 여기에 있는 거요? 세상에, 왜 이렇게 수척해졌소."

두 사람은 눈물을 흘리며 서로를 껴안았어요. 알고 보니 왕은 그녀를 요리사가 아니라 아내로 들이려 했고 그녀가 거부하자 궤에 가둬버린 거예요. 류즈갸르올루와 아내는 함께 궤를 지키던 사람의 도움을 받아 궁 밖으로 빠져나왔어요. 그러고는 류즈갸르올루가 모아둔 돈으로 잃어버린 아이들을 찾아 나섰어요. 며칠

뒤, 다행히 아이들이 방앗간에 살고 있다는 것을 알아낸 두 사람은 당장 그곳으로 달려갔어요.

"얼마나 힘들었니. 미안하구나, 정말 미안하구나."

거기서 어엿하게 성장한 아이들을 보고 두 사람은 가슴을 쳤어요. 아이들은 엄마 아빠를 바로 알아보았어요. 그렇게 네 사람은 서로 껴안고 한참을 울었어요. 알고 보니 물살에 휩쓸려간 아이들을 방앗간 주인이 구해 친자식처럼 돌봐준 거예요. 류즈갸르올루와 아내는 방앗간 주인에게 몇 번이나 절을 하며 고마워했어요. 그리고 류즈갸르올루 가족은 옛날보다 더 행복하게 서로를 아껴주며 살아갔어요.

어느 날 다시 예전처럼 숲속으로 사냥을 나간 류즈갸르올루는 자리에 서서 생각했어요.

'그때 내가 했던 대답대로 되었구나.'

- 터키 민담

류즈갸르올루 가족은 떨어져 있었지만 언젠가는 만날 거라는 희망으로
서로를 생각하며 각자 힘든 시간을 견뎌냈어.
가족을 그리워하다 울다 지쳐 잠든 밤, 그 마음이 하늘에 닿았을까?

결국 그들은 만나게 되었어.

시련을 견뎌내고 얻은 행복이 얼마나 소중한지 그들도 예전에는 알지 못했을 거야.

그래, 우리도 시간을 건너 행복하게 만나자.

4장

더 큰 세상을 그려봐

지금 우리 아가는

25~28주

붙어 있던 눈꺼풀이 조금씩 열리면서 눈동자를 움직이기 시작해요. 폐의 기능이 아직 약하지만 숨쉬기를 연습하고 있어요. 잠들고 깨어나는 분명한 양상을 보여요. 명암을 구별할 수 있어서 엄마의 배에 밝은 빛을 비추면 빛을 피해 고개를 반대쪽으로 돌린답니다.

29~33주

무럭무럭 자라 체중이 많이 늘어난 태아는 머리를 아래로 하고 세상에 나올 준비를 시작해요. 근육이 발달하고 살이 토실토실 올라요. 앞을 보는 연습도 하고 있어요. 엄마 아빠의 목소리를 구별할 수 있어요.

엄마의 몸은

25~28주

자궁이 팽창하면서 배꼽 안쪽을 압박하기 때문에 배꼽이 튀어나와요. 출산을 하고 자궁이 작아지면 배꼽도 원래 모양으로 돌아가요. 다리가 저리거나 경련이 일어나기도 하니 자주 마사지하고 잘 때 다리를 높게 해서 혈액순환이 잘되게 해주세요. 발을 따뜻한 물에 담그고 조용히 기대어 쉬어도 좋아요.

29~33주

임신 말기로 접어들면 몸이 무거워지면서 숨이 차고 움직이기가 점점 힘들어져요. 속쓰림, 소화불량 같은 불편한 증상도 나타나요. 그럴 때는 조금씩 자주 나눠 먹는 것이 좋아요. 태아 위치가 점점 아래로 내려오면서 아랫배에 압력이 증가해 화장실을 자주 가고 싶어져요. 피로하기도 하니 간단한 운동으로 활력을 찾아보세요.

엄마의 마음은

25~28주

아직 엄마가 될 준비가 안 됐다는 생각에 압박감을 느끼기도 해요. 아빠도 배가 불러오는 엄마를 보며 출산을 걱정하기 시작해요. 아직 아기가 없을 때의 자유로움을 마음껏 누려보세요. 출산하면 당분간 정신이 없을 테니 부부의 느긋한 시간을 가져보세요.

29~33주

몸이 점점 둔해져서 정서가 불안할 수 있어요. 자신이 경험하는 증상이 자신만 겪는 것은 아닌지도 궁금할 거예요. 그럴 때는 임신과 출산에 관한 다양한 정보를 찾아보고, 출산교실을 가거나 다른 임신부들과 대화해보세요. 안정을 얻는 자기만의 방법을 찾아보세요.

엄마는 몸이 힘들고 자기감정에 몰두하느라 아빠의 마음을 돌아보지 않기 쉬워요. 아빠도 아빠가 된다는 데 따른 걱정과 부담이 있어요. 하지만 자기 불안을 드러내면 엄마에게 영향을 줄까 봐 혼자서 끌어안고 있는 경우가 많아요. 서로의 생각과 감정을 솔직하게 나눠보세요.

#25주

엄마는 산책길을 걸으면서 전에는 보지 못한 것들을 많이 발견해.
길가의 작은 돌멩이 하나, 풀 한 포기, 강아지가 남긴 귀여운 발자국,
시멘트를 비집고 올라온 조그마한 꽃…….
예전에는 왜 눈에 띄지 않았을까?
나중에 우리가 만나면, 너도 네 소우주에서 발견한 작고 소중한 것들을
엄마에게 알려주렴.

작은 난알 하나

〈밤을 새우는 이야기〉

곤다르 골짜기의 작은 나라를 다스리는 에벳멜렉 왕은 이야기를 무척 좋아했어요. 그래서 날마다 궁으로 이야기꾼을 불러들여 재미있는 이야기를 듣곤 했어요. 그런데 어느 날, 한 이야기꾼의 이야기를 경청하던 왕이 침울한 표정으로 말했어요.

"그건 예전에 들었던 것이다. 정녕 다른 얘기는 없느냐?"

사실 그럴 만도 했어요. 하루도 빠짐없이 온갖 이야기를 들었으니 새로운 이야기를 만나기가 힘들어진 거예요. 새로운 이야기를 들어야 살 수 있는 왕은 급기야 신하들에게 이렇게 명령했어요.

"누구든 내가 '그만해!'라고 할 때까지 이야기를 계속 들려주는 자에게 이 나라의 절반을 주겠다. 이를 널리 알리도록 하라!"

소문을 들은 사람들이 구름떼처럼 몰려들었어요.

"혹시 아라비아 상인들이 동방에 다녀온 이야기를 들어보셨습니까?"

"로마라는 대제국이 어떻게 멸망했는지 아십니까?"

왕은 한숨을 쉬었어요. 이미 다 아는 이야기였거든요. 며칠이 지나도 새로운 이야기를 들고 오는 사람이 없어서 실망만 더해가던 어느 날, 한 농부가 나타났어요. 왕은 수많은 학자, 현자들도 하지 못한 일을 저 초라한 농부가 해내리라고는 전혀 기대하지 않았죠.

"어디 시작이나 해보아라."

왕은 시큰둥하게 명령했고 농부는 곧 이야기를 시작했어요.

"옛날에 밀 농사를 짓는 농부가 있었는데요, 밀이 다 자라자 그걸 베어서 타작한 뒤 낟알을 모두 창고에 넣어두었습니다. 아주 소중한 낟알이었습니다."

"그래서? 그게 끝인가?"

“아닙니다. 이야기는 지금부터 시작입니다. 그런데 창고에는 농부가 모르는 구멍이 하나 있었습니다. 농부가 열심히 낟알을 털어 창고에 넣을 때, 구멍으로 들어온 개미가 그 모습을 지켜보고 있었지요. 개미는 농부가 창고 문을 닫고 나가자 몰래 낟알 하나를 물어갔습니다. 가서 밀알을 맛있게 먹었겠지요.”

“오호라, 흥미진진하구나!”

왕의 눈빛이 호기심으로 반짝거렸어요. 어디서도 듣지 못한 이야기였거든요. 농부는 재빠르게 이야기를 이어갔어요.

“다음 날, 이번에는 다른 개미가 창고로 들어왔습니다. 그러고는 낟알 하나를 물고 구멍을 통해 빠져나갔습니다.”

“큰일이로구나! 그래서 어떻게 되었느냐?”

왕은 이야기를 빨리 하라고 재촉했어요.

"또다시 다음 날이 되었습니다. 이번에도 다른 개미가 구멍을 통해 창고로 들어와 낟알 한 개를 물어갔습니다."

"그래, 그래서 어떻게 되었느냔 말이다."

"다음 날, 또 다른 개미가 구멍으로 들어와 낟알 한 개를 물어갔습니다."

"알겠으니 다음 이야기로 넘어가라!"

왕은 참다못해 소리를 질렀어요. 농부는 의아한 듯 이야기를 이어갔어요.

"네, 그런데 농부가 소중히 여기는 밀알이 창고에 아직도 많이 남았습니다. 그래서 다음 날 다른 개미가 또 그 낟알을 한 개 물어갔습니다."

왕은 얼굴이 붉으락푸르락해져서 소리쳤어요.

"그만! 그만 좀 하라고!"

옆에서 같이 이야기를 듣고 있던 신하들은 눈이 휘둥그레졌어요. 드디어 왕이 "그만해!"라고 말했으니까요. 이야기를 들려주던 농부도 어리둥절했어요. 농부는 낟알 하나하나가 모두 소중했기에 그것을 개미가 어떻게 물어갔는지 하나씩 이야기하고 싶었을 뿐이거든요.

왕은 약속대로 농부에게 나라의 절반을 주었어요. 농부는 작은 낟알 하나를 소중히 여기는 이야기로 큰 것을 얻게 되었어요.

- 아프리카 전래동화

아프리카에는 '낟알 하나에 한 가지씩 행운이 온다'라는 속담이 있대.

작은 낟알처럼 하찮아 보이는 것들은 별생각 없이 그냥 지나치기가 쉬워.

보잘것없이 작은 것들에 깃든 큰 힘을 알아보기란 어려운 일이야.

대개는 크고 반짝이는 것에 더 눈이 가는걸.

낟알 하나의 소중함을 알고 있는 농부처럼,

엄마도 작지만 소중한 것을 알아볼 수 있다면 얼마나 좋을까?

우리 아가의 소우주에서는 작은 것 하나라도 소중하기를 기도할게.

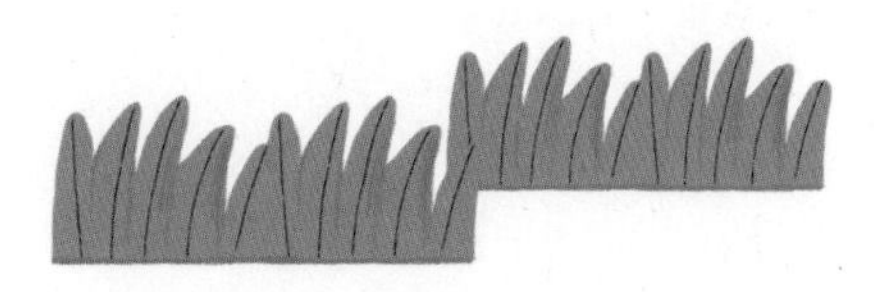

#26주

고마운 사람들이 엄마와 너의 건강을 빌어주고 있어.

엄마는 사람들과 마음을 주고받으면서 더불어 산다는 것이 무엇인지 알게 되었단다.

비가 오면 서로에게 우산이 되고, 우산이 날아가면 더 튼튼한 지붕이 되지.

그도 아니면 같이 비를 맞아줄게. 체온으로 서로를 안아주면 되지.

이제 우리는 춥지 않을 거야.

아픔을 나눈다는 것

〈나귀 타고 온 관리〉

몇 년 사이 나라에 홍수와 가뭄, 병충해가 차례로 덮쳐왔어요. 재난이 닥치자 백성들은 먹을 것이 없어 나무껍질을 벗겨 먹었고, 나중에는 그것마저 귀해져 풀뿌리를 캐 먹는 지경에 이르렀어요. 사정이 이러한데도 나라의 관리들은 세금을 내지 않는 백성들을 닦달했어요.

"굶어 죽더라도 세금은 내야 해!"

그래도 세금이 잘 걷히지 않자 급기야 한 관리가 나귀를 타고 직접 마을을 찾아왔어요. 마을에 도착한 관리는 아무것도 먹지 못해 지쳐 있었어요. 하지만 마을 사람들도 배고픔에 시달리던 터라 그를 선뜻 맞이하지 않았어요. 이때 마을 사람 중 하나인 왕팔오가 나섰어요. 그는 관리가 타고 온 나귀의 고삐를 받아서는 자기 집 말뚝에 묶으며 말했어요.

"어서 오십시오. 우리 집으로 모시지요. 필요한 게 있으면 언제든 말씀하세요."

"내가 먼 길을 오면서 아무것도 먹지 못했네. 밥 한 상 들여주게나."

"어쩌지요. 쌀이 떨어진 지 한참입니다. 다들 풀뿌리로 연명하고 있는걸요."

"풀뿌리? 그건 됐고, 그럼 다른 있는 거라도 가져오게나."

"알겠습니다. 있는 거로 대령하겠습니다. 쉬고 계십시오."

관리는 왕팔오가 나가자 피곤해서 바로 곯아떨어졌어요. 얼마나 흘렀을까요. 퍼질러 자던 관리는 맛있는 냄새에 스르르 눈이 떠졌어요. 방에 들어와 있던 왕

팔오가 반갑다는 듯이 말했어요.

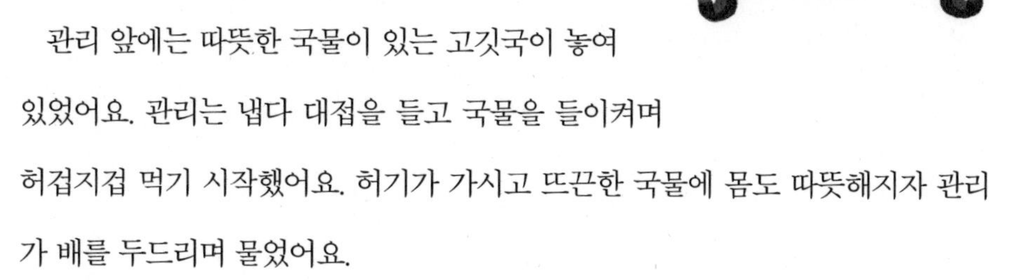

"깨워드려야 하나 고민하고 있었는데 마침 일어나셨네요. 식기 전에 얼른 드십시오. 이게 얼마 만에 보는 고기인지요."

관리 앞에는 따뜻한 국물이 있는 고깃국이 놓여 있었어요. 관리는 냅다 대접을 들고 국물을 들이켜며 허겁지겁 먹기 시작했어요. 허기가 가시고 뜨끈한 국물에 몸도 따뜻해지자 관리가 배를 두드리며 물었어요.

"풀뿌리밖에 없다더니 이 고기는 뭔가?"

"나귀 고기입니다."

"그래? 맛이 참 일품일세. 나를 위해 잡았나 보구먼. 누구네 나귀인가?"

"누구 것이긴요. 나리가 타고 온 나귀입지요."

"뭐라고? 누가 마음대로 내 나귀를 잡으라고 했나!"

관리는 얼굴이 벌게져서 호통을 쳤어요.

"아까 나리께서 그러시지 않았습니까. 있는 거로 가져오라고요. 마을에는 나무 껍질은커녕 풀뿌리도 남아 있질 않으니 어쩔 수 있나요."

왕팔오가 당당하게 말하자 관리는 아무 말도 할 수 없었어요.

- 중국 옛이야기

왕팔오는 아픔을 나누기는커녕 수탈하는 데만 급급한 관리에게

그가 타고 온 나귀를 잡아서 주는 기지를 발휘했어.

백성의 아픔을 공감하지 못하는 관리에게 깨달음을 주고 싶어서가 아닐까?

아픔을 나눈다는 건 그리 어려운 일은 아니야.

손을 잡아주고 어깨를 도닥이고 이야기를 들어주는 거로도 충분할지 몰라.

울고 있는 사람 옆에서 함께 울어주는 마음이라면.

그렇게 아픔을 나누는 것만으로도 위로가 되고 상처가 치유되는

놀라운 일이 일어나.

함께 아파하면서 우리는 강해져.

#27주

매일 머리 위로 해가 뜨고 아침이 찾아와.

분주한 하루를 보내고 해가 저물면 어둠이 까맣게 내려앉아.

언제나 그렇듯이, 아주 당연하다는 듯이 말이야.

매일매일 엄마가 하는, 얼굴을 씻고 밥을 챙겨 먹고 잠자리에 드는 사소한 일들.

그런 사소함 속에 너는 엄마 뱃속에서 조금씩 자라나고 있구나.

사소함에서 시작되는 일

〈구멍 난 배〉

한 가족에게 작은 배가 있었어요. 여름이면 가족들은 호수에 배를 띄우고 낚시를 하며 즐거운 시간을 보냈지요. 여름이 다 지나고 겨울이 되어 호수가 꽁꽁 얼어붙자 아빠는 배를 창고에 넣어 보관해야겠다고 생각했어요. 내년 여름에도 잘 쓰려면 말이에요. 그런데 창고에 넣으면서 보니 배 밑바닥에 작은 구멍이 뚫려 있었어요.

"이게 언제 난 구멍이지? 그래도 다행이야, 지금이라도 발견해서. 겨울엔 탈 일이 없으니 여름이 되기 전에 고쳐놓자."

아빠는 배를 더 살펴보다가 페인트도 군데군데 벗겨져 있음을 발견하고는 페인트공을 불러 깨끗이 칠해달라고 부탁했어요. 구멍은 페인트칠을 한 후에 막아야겠다고 생각하면서요.

시간이 흐르고 계절이 또 한 바퀴를 돌아 다시 녹음이 푸르러졌어요. 눈부신 여름의 태양이 맑은 호수에 찬란하게 부서졌어요. 아이들은 신이 나서 아빠에게 조르기 시작했어요.

"아빠, 호수에 배 좀 띄워주세요. 우리가 낚시를 얼마나 잘하는지 모르죠? 이제 아빠 없이도 해낼 수 있어요!"

아빠는 껄껄 웃으며 창고에서 배를 꺼냈어요. 아이들과 함께 호숫가로 가서 배를 띄워주고는 웃으며 말했지요.

"이따 얼마나 잡았는지 아빠한테 꼭 보여줘."

"기대하세요!"

아빠는 집으로 돌아가 하던 일을 마저 하고 있었어요.

"맙소사!"

아빠는 몇 시간이 지나서야 보트 밑에 구멍이 뚫려 있었다는 사실을 떠올렸어요. 그것을 수리하지 않았다는 것도요. 벼락을 맞은 것 같았어요. 아빠는 얼굴이 사색이 되어 호숫가로 뛰어갔어요.

'아이들은 수영도 못 하는데. 제발…….'

정말이지 눈앞이 캄캄했어요. 그때였어요. 저쪽에서 아이들이 배를 영차영차 호숫가로 끌어 올리고 있었어요. 무사한 아이들의 모습에 아빠는 다리에 힘이 풀리고 눈시울이 붉어졌어요. 마음이 놓인 아빠는 한걸음에 달려가 아이들을 꼭 끌어안았어요. 아무것도 모르는 아이들은 잡은 고기를 자랑하기에 여념이 없었어요.

"아빠, 우리 이만큼이나 잡았어요!"

아빠는 배를 끌고 집에 오자마자 배 밑부터 살펴봤어요. 그런데 누군가 구멍을 감쪽같이 막아놓은 거예요. 아빠는 곰곰이 생각해봤어요.

'아, 작년에 페인트공이 페인트칠을 하면서 수리한 모양이구나.'

아빠는 너무 고마워서 선물을 사 들고 그를 찾아갔어요. 페인트공은 갑자기 찾아온 아빠를 보고는 영문을 몰랐어요.

"안녕하세요. 지난겨울에 우리 가족이 쓰는 배를 페인트칠해주셨지요? 오늘 보니 배 밑에 나 있던 구멍도 함께 고쳐주셨더군요."

"음……, 그랬나요? 아, 맞아요. 말씀을 들으니 기억나네요. 칠을 하다 보니 밑에 작은 구멍이 뚫려 있더라고요. 그래서 하는 김에 같이 수리해두었습니다."

"제가 배를 쓰기 전에 고쳐야겠다고 생각하고선 깜빡 잊고 있었습니다. 그런데 오늘 우리 아이들이 그 배를 타고 호수에 나갔지 뭐예요. 당신이 아니었다면 아이들이 무사하지 못했을 거예요."

"그랬군요. 정말 다행입니다."

"너무나 감사해서 이렇게 바로 달려왔습니다. 우리 아이들을 살려주셨어요."

"별말씀을요. 저는 당연한 일을 했을 뿐인걸요."

- 탈무드 동화

페인트공은 사소한 일도 그냥 지나치지 않는 성실한 사람이었어.

이런 태도가 큰일을 해낸단다. 우리가 생각하는 것보다 훨씬 큰일을 말이야.

아마 페인트공도 배 밑에 난 구멍을 메울 때는

그 작은 배려가 아이들을 구하리라고는 생각하지 못했을 거야.

엄마도 그런 태도로 삶을 살아가고 싶어. 네가 옆에서 응원해줄래?

#28주

엄마는 언제 행복했을까? 아가야, 너는 지금 행복하니?

행복은 가까이 있다고들 하지만

보물찾기하듯 찾아다녀도 엄마는 아직 많이 찾아내지 못했어.

하지만 앞으로 너와 함께 훨씬 더 많은 보물을 찾을 거야.

우리 같이 행복을 찾아 나설까?

내 눈앞의 행복

〈노래하는 구두 수선공〉

어느 마을에 노래를 아주 잘하는 구두 수선공이 살고 있었어요. 그는 다른 수선공들과 달리 구두를 고칠 때마다 노래를 흥얼거리며 즐겁게 일했어요.

"오늘도 구두 수선공이 일을 시작했구나."

마을 사람들도 그의 노랫소리를 들으면 기분이 좋아졌어요. 그런데 같은 마을에 사는 돈 많은 부자는 수선공의 노랫소리가 들려올 때마다 못마땅하기만 했어요.

'아니 저자는 왜 항상 즐거운 거야? 나는 걱정 때문에 잠이 안 오는데.'

부자는 어떻게 하면 돈을 더 벌 수 있을까 고민하느라 밤새 잠을 이루지 못했거든요. 항상 잠이 부족해 피곤에 지쳐 있으니 도무지 구두 수선공을 이해할 수 없었죠.

그래서 하루는 그를 집으로 초대했어요. 늘 흥겹게 노래를 부르는 이유가 정말 궁금했거든요.

맛있는 음식이 가득 차려진 식탁 앞에서 부자가 구두 수선공에게 물었어요.

"자네는 어찌 그리 매사에 즐거운가?"

"글쎄요. 즐겁지 않을 일도 없지 않습니까?"

"그래? 돈을 많이 버나 보지?"

"많이 벌 때도 있고 적게 벌 때도 있지요. 그날 벌어 그날 쓰니 충분하다고 할 수 있겠네요."

"충분하다고? 모아둔 돈도 없을 거 아닌가."

부자는 자기 처지도 모르고 노래나 부르는 구두 수선공이 참 딱해 보였어요. 수선공보다 자기 삶이 낫다는 생각에 흡족한 마음까지 들었죠. 그래서 마음을 크게 쓰기로 했어요.

"여기 수선공에게 돈을 좀 마련해주어라."

부자는 구두 수선공이 충분히 쓸 만큼 돈을 챙겨주며 말했어요.

"자, 마음껏 쓰게나. 자네도 한번 즐겁게 살아봐야지."

구두 수선공은 깜짝 놀라 처음에는 거절했지만 부자가 계속 권하는 통에 돈을 받아들고 나왔어요. 공짜로 큰돈을 얻은 그는 돈을 품에 안고 기뻐하며 집으로 돌아왔어요.

'이 돈을 어떻게 한담. 그래, 지하실 구덩이에 파묻으면 아무도 모를 거야.'

다음 날이 되었어요. 이상하게도 구두 수선공의 노랫소리가 들려오지 않았어요. 마을 사람들은 궁금했어요.

"오늘은 노랫소리가 들리질 않네."

"그러게 말이야. 어디가 아픈가?"

구두 수선공은 웬일인지 더는 노래를 부를 수가 없었어요. 그뿐만이 아니었어요. 밥도 잘 먹지 못하고 잠도 편히 잘 수 없었어요. 지하실에 묻어둔 돈을 누가 가져갈까 봐 너무 걱정이 되어서요. 마음이 불안으로 가득 찬 그는 시름시름 생기를 잃어갔어요.

며칠 후, 구두 수선공은 다시 부자를 찾아갔어요.

"돈을 돌려드리러 왔습니다. 저는 그저 예전처럼 즐겁게 노래하고 구두를 고치며 살겠습니다."

- 라퐁텐 우화

구두 수선공은 돈이 많아지자 걱정도 덩달아 많아졌어.

불안한 마음으로는 즐겁게 노래를 부를 수 없었지.

그는 걱정 없이 노래할 수 있을 때 행복하다고 느꼈어.

그래서 누군가는 이렇게 말했단다.

자신을 위해 좋은 삶을 사는 사람이 지혜로운 사람이라고.

좋은 삶이란 자신을 행복하게 하면서도 선한 삶이라고.

#29주

엄마는 네가 오기 전에 신던 신발보다 훨씬 편한 신발을 마련했어.

네가 자라면서 엄마의 몸도 변화를 겪고 있단다.

불편하지 않은 신발을 신고, 불편하지 않은 마음으로

어디든 걸어가려 해.

이 신발이 엄마를 어디로 데려다줄까?

일어서야 더 멀리 볼 수 있어

〈발이 더러운 왕〉

옛날 인도에 씻는 것을 싫어하는 왕이 있었어요. 씻지를 않으니 몸이 항상 더러웠지요. 어느 날 왕은 사람들이 왜 자기에게 가까이 오지 않는지를 깨달았어요.

'내 몸에서 나는 냄새가 너무 고약해서였구나.'

왕은 여전히 싫긴 하지만 그래도 이제부터는 좀 씻어야겠다고 생각했어요. 그래서 신하들을 데리고 강으로 가서 머리부터 발끝까지 깨끗하게 목욕을 했어요. 그런데 목욕을 마치고 궁으로 돌아가다가 깨끗한 발이 더러워지고 말았어요. 왕은 할 수 없이 다시 강으로 들어가 발을 씻었어요. 하지만 조금 걷다 보니 발이 또 더러워졌어요.

왕은 화가 나서 백성들에게 명령했어요.

"발이 자꾸 더러워져서 안 되겠구나. 땅을 깨끗하게 만들도록 하라!"

왕의 명령에 백성들은 수군댔어요. 땅을 어떻게 깨끗하게 해야 할지 몰랐으니까요.

"땅을 빗자루로 쓸어볼까?"

"그거 괜찮은데?"

백성들은 빗자루로 땅을 쓸기 시작했어요. 그러자 온 나라가 먼지로 뒤덮였어요. 왕은 발이 더러울 뿐만 아니라 숨도 쉬기 힘들어지자 또다시 명령했어요.

"당장 먼지를 없애라!"

백성들은 이번에는 먼지를 없애려고 땅에다 물을 뿌리기 시작했어요. 그런데 물을 너무 많이 뿌렸는지 온 나라에 물난리가 난 거예요. 머리끝까지 화가 난 왕은 어서 땅을 깨끗하게 하라고 엄명했어요. 백성들은 고민에 빠졌죠. 그때 한 사람이 뒤에서 크게 외쳤어요.

"아예 땅을 없애버리는 게 어때요?"

"그거 좋은 생각이오!"

백성들은 집에 있는 온갖 가죽을 들고나와 온 나라를 가죽으로 덮어버렸어요. 그 모습을 본 왕은 기분이 좋아졌어요. 아무리 걸어 다녀도 발이 더러워지지 않왔거든요. 그런데 한 여자아이가 용감하게 왕 앞으로 나와 말했어요.

"땅을 가죽으로 덮어버려서 풀과 나무가 자라지 못할 거예요. 그러면 동물이 살지 못하고, 우리도 다 죽을지 몰라요."

왕은 여자아이의 영민함에 놀라 물었어요.

"그럼 다른 방법이 있느냐?"

그러자 여자아이는 가위로 가죽을 오려 왕에게 신발을 만들어주었어요. 왕의 발만 가죽으로 감싸면 발도 깨끗하고 나라도 평화로워진다는 걸 알려준 거예요.

- 인도 옛이야기

그래서 사람들이 신발을 신고 다니게 되었대.

발이 더러운 왕은 어떤 일이 생겼을 때 멀리 보지 못하고 당장 눈앞의 일만 생각했어.

우리는 당장 벌어진 일에 급급해 어리석은 선택을 하곤 해.

그럴 때는 자리에서 일어서서 저 멀리를 바라봐야 하는데 말이야.

이제 엄마도 눈을 들어 저 대지를 바라볼 거야.

#30주

오늘도 우리 아가가 엄마 뱃속에서 꼬물꼬물 놀고 있구나.

시간이 차곡차곡 쌓이고 순간순간이 빼곡하게 들어서면

우리는 만나게 되겠지?

이 시간이 엄마 아빠의 마음밭에 거름을 주고 있어.

거기서 우리 아가가 마음껏 뛰어놀았으면.

아름다운 가치 하나

〈금화와 돌멩이〉

'이러면 내 돈이 어디 있는지 아무도 모르겠지.'

돈을 벌기만 했지 쓸 줄은 모르는 구두쇠 영감이 키득키득 웃으며 뿌듯해하고 있었어요. 자기가 가진 것을 전부 금화로 바꿔서 아무도 알지 못하게 땅에 묻어 놓았거든요. 영감은 하루에 한 번씩 금화를 묻어놓은 곳을 찾아가 땅을 판 다음, 금화가 잘 있는지 확인하고는 다시 묻어놓고 집으로 돌아왔어요.

그런데 같은 마을에 사는 한 청년이 이런 영감의 행동을 수상쩍게 여겨 지켜봤어요.

'매일 어디를 저렇게 다니는 걸까?'

어느 날 청년은 영감을 몰래 따라가 봤어요. 그랬더니 영감이 금화를 꺼내서 보고는 다시 땅에 묻어두는 거예요. 영감이 돌아가자 청년은 재빠르게 땅속에 있는 자루에서 금화를 다 꺼내고 대신 돌멩이를 넣어두었어요. 그러고는 룰루랄라 그

곳을 빠져나갔어요.

다음 날, 여느 때처럼 금화를 확인하러 간 영감은 금화가 사라진 것을 보고 너무 놀라 구덩이에 빠질 뻔했어요.

"아이고, 내 돈! 평생 모은 돈인데 그걸 가져가다니. 아니고, 내 돈!"

영감은 그 자리에서 대성통곡을 했어요. 그때 근처를 지나가던 사람이 통곡 소리를 듣고 무슨 일인지를 물었어요. 영감은 꺽꺽 소리를 내며 자기에게 있었던 일을 들려주었어요. 그리고 마지막에 이렇게 덧붙였어요.

"나는 그 돈을 한 푼도 쓰지 않았단 말이오."

구두쇠 영감의 말을 가만히 듣고 있던 사람이 마침내 한마디를 던졌어요.

"그렇다면 그리 통곡할 일도 아니네요."

"뭐요? 함부로 지껄이지 마쇼. 내가 평생 모은 돈이라고. 알겠소?"

"글쎄요. 영감님은 어차피 그 돈을 꺼내서 보기만 할 뿐 쓸 생각은 없었잖아요? 그러니 그게 금화든 돌멩이든 무슨 상관이겠어요?"

- 이솝 우화

구두쇠 영감은 모을 줄만 알았지 쓸 줄을 몰랐어.

하지만 무엇이든 쓰지 않으면 가치가 없단다.

구두쇠 영감은 금화를 땅에 묻어놓는 대신 많은 일을 할 수 있었을 거야.

다른 사람과 함께 먹고 나눌 수도 있고, 세상이 아름답다고 느낄 수도 있고,

누군가에게 사랑을 전할 수도 있었어.

엄마 아빠는 무엇을 가지고 있을까?

우리도 가진 것을 가치 있게 쓸 수 있으면 좋겠어. 우리 아가와 함께.

#31주

엄마는 매일 밤마다 우리가 무사히 만나기를 마음을 다해 기도해.

우리 아가와 건강하게 만나기 위해 많은 것을 하고 있지만,

결국 할 수 있는 일은 정성껏 기도하는 것뿐일지도 몰라.

온 마음으로 기도하면 엄마는 마치 날개를 단 것처럼 자유로워져.

오늘은 날아서 꿈속으로 너를 만나러 갈게.

네가 들어갈 문을 기억해

〈토르를 찾아간 난쟁이〉

토르는 천둥과 번개, 비를 다스리는 풍요의 신이에요. 어느 날 누군가가 천둥의 신 토르를 찾아왔는데, 바로 검은 난쟁이 알비스였어요. 검은 난쟁이는 땅속에서 대장장이 일을 하며 사는 종족이에요. 알비스는 토르의 딸 트루트를 사랑하게 되었고, 그녀와 결혼하겠다며 겁도 없이 토르를 찾아온 거예요. 난쟁이 종족이 신과 결혼한 적은 이제껏 한 번도 없었어요.

"저는 검은 난쟁이 알비스라고 합니다. 트루트를 보는 순간 사랑에 빠졌습니다. 그녀와 결혼하고 싶습니다."

"내 딸도 그것을 원하느냐? 허락 없이는 결혼할 수 없다."

그러자 알비스가 힘 있는 목소리로 말했어요.

"저는 신들이 만든 아홉 세계를 두루 돌아다녀 존재의 모든 것을 알고 있습니다."

알비스라는 이름이 '모든 것을 아는 자'라는 뜻이었어요. 토르는 알비스의 말이 사실이라면 딸이 평생을 함께해도 괜찮겠다고 생각했어요. 그래서 알비스의 지혜를 확인해보려고 이것저것 세상일을 묻기 시작했어요.

"땅은 무엇이냐?"

"인간들에게는 땅이요, 아제 신들에게는 들판이며, 바네 신들은 길이라 하고, 거인들은 '늘푸른'이라 합니다. 난쟁이들은 성장이라 하며, 더 높은 힘들은 진흙이라고 하죠."

토르는 고개를 끄덕였어요. 토르는 이 세상 수많은 존재의 이름을 아는 것이 중요한 지식이고 거기서 지혜가 나온다고 생각했거든요.

둘의 대화는 계속되었어요. 토르가 하늘, 달, 해, 구름, 바람, 바다, 불, 숲 등에 대해 물으면 알비스는 자신의 지혜를 과시하려고 신이 나서 척척 대답했어요. 알비스는 자기 이름처럼 정말 모르는 것이 없어 보였어요. 그들은 세상의 모든 존재를 다 꺼낼 기세로 밤새도록 문답을 주고받았어요. 얼마나 오래였는지 그사이 날이 밝아오기 시작했어요. 토르와 알비스가 문답을 나누던 궁 안으로도 아침 햇살이 쏟아져 들어왔어요. 토르는 창밖을 바라보았어요.

"벌써 아침이 되었군."

그 순간 아침 햇살을 받은 알비스는 그만 돌로 변하고 말았어요. 땅 밑에 사는 검은 난쟁이 종족은 햇빛에 노출되면 몸이 굳어지거든요. 알비스는 밤이 새는 줄도 모르고 자기 지식을 자랑하는 데 정신이 팔려 결국 돌이 되었지요.

- 북유럽 신화

알비스는 세상의 모든 지식을 알고 있는 난쟁이였어.

하지만 제 지식에 도취해서 정작 자기가 돌이 되는 것은 막지 못했어.

자만하다가 스스로 함정에 빠져버린 알비스의 지식은 가짜일지도 몰라.

우리는 저마다 처한 처지와 한계가 있어.

햇빛을 받으면 몸이 굳어버리는 검은 난쟁이들처럼 말이야.

지혜는 바로 그것을 아는 데서 출발한대.

엄마가 매일 밤 우리를 위해 기도하는 것도 그래서란다.

#32주

엄마 아빠는 우리 아가가 사려 깊은 눈을 가졌으면 좋겠다고 생각했어.

지혜롭고 영리한 아이로 자라나기를 바라기도 했어.

그런데 영리하다는 건 무엇일까?

엄마에게 영리함에 대해 생각하게 해준 이야기가 있어.

그 이야기를 들어볼래?

내 심장을 향해 씩씩하게

〈영리한 엘제〉

한 마을에 엘제라는 아가씨가 살고 있었어요. 마을 사람들은 남들은 모르는 것을 알고 있는 그녀를 '영리한 엘제'라고 불렀죠. 어느 날, 한스라는 남자가 엘제에 대한 소문을 듣고 그녀의 집에 찾아왔어요.

"안녕하세요. 엘제와 결혼하고 싶은 마음에 용기를 내어 문을 두드립니다."

"오, 그러시군요."

엘제의 아빠는 흔쾌히 문을 열어주었어요. 한스가 조심스럽게 물었어요.

"그런데 엘제가 그렇게 영리한가요?"

한스를 맞이한 아빠는 엘제의 영리함을 증명하듯 말했어요.

"엘제는 골목에 부는 바람을 볼 수 있다오."

"그뿐인가요. 도시가 기침하는 소리도 들을 수 있죠."

옆에 있던 엘제의 엄마가 거들었어요. 그렇게 한스는 엘제의 집에서 저녁을 먹

게 되었어요. 한참 즐겁게 이야기를 나누며 음식을 먹고 있는데 마시던 맥주가 다 떨어졌어요. 엘제는 맥주를 가져오겠다며 지하실로 내려갔어요.

엘제는 모든 일에 조심스러운 사람이었어요. 지하실에 내려가는 동안에도 다른 물건이 떨어지지 않을까 사방을 살폈고, 맥주를 선반에서 내리다가 다치지 않을까 조심했어요. 그런데 문득 머리 위 벽에 걸려 있는 곡괭이가 눈에 띄었어요.

'한스와 결혼하면 아이가 생길 거야. 그런데 그 아이가 나중에 여기로 맥주 심부름을 왔을 때 저 곡괭이가 떨어지면 어쩌지? 머리에 곡괭이를 맞아 우리는 아이를 잃게 되겠지.'

영리한 엘제는 슬피 울기 시작했어요. 시간이 지나도 엘제가 돌아오지 않자 무슨 일인가 싶어 엄마가 지하실로 따라 내려왔어요. 엄마는 엘제의 얘기를 듣고 같이 울먹거리기 시작했어요.

"불쌍한 내 손자를 어쩌면 좋아. 흑흑."

엘제를 데리러 내려간 엄마도 오지 않자 이번에는 아빠가 내려왔어요. 그랬더니 모녀가 서로 부둥켜안고 엉엉 울고 있지 뭐예요.

"아니 무슨 일이오?"

"저 곡괭이가 떨어져서…… 한스와 낳은 제 아들이 머리를 맞으면 어떡해요. 그게 너무 걱정돼요."

"세상에, 우리 엘제는 정말 영리하구나. 지하실에 걸린 곡괭이가 내 손자를 죽

일 수도 있다니……."

아빠도 그 자리에 주저앉아 눈물을 훔쳤어요. 한참이 지나도 아무도 돌아오지 않자 식탁에 홀로 남은 한스가 더듬더듬 지하실로 내려왔어요. 지하실에는 엘제와 그녀의 부모님이 함께 눈물을 펑펑 흘리고 있었어요.

"아니 왜 이렇게 울고 계신 거예요?"

그러자 엘제가 대답했어요.

"나중에 우리 아들이 여기 내려왔을 때 저 곡괭이에 맞아 죽을지도 모르잖아요. 그걸 생각하니 눈물이 나요."

- 독일 민담

엘제는 먼 뒷날을 내다보며 아주 작은 일에도 조심스러웠어.

그런데 이게 정말 영리하고 사려 깊은 걸까?

일어나지도 않은 일을 걱정하느라 쓸데없이 불안해하는 건지도 몰라.

앞서서 고민하다가 정작 현재는 누리지 못하고 말이야.

태어나지도 않은 아들 걱정에 즐거운 저녁 식사가 끝나버렸잖아.

이제 엄마 아빠는 서둘러 미리 걱정하지 않기로 했어.

미래로 달려가 불안해하지 않고 눈앞에 펼쳐진 행복을 끌어안을 거야.

너라는 기쁨을 맞이할 거야.

#33주

자기가 가진 것을 그대로 받아들이고 사랑한다는 건 참 힘든 일이야.

엄마도 엄마 것보다 더 화려하고 반짝이는 것들을 힐끔거리며 훔쳐보곤 했어.

그런데 이제는 엄마가 가진 것도 자꾸 바라봐주면 얼마나 빛이 나는지 알게 되었어.

우리 아가도 그런 걸 이만큼 발견하렴.

볼품없는 것들

〈다리와 뿔〉

먼 길을 걷다 지쳐 목이 말라진 사슴이 물을 마시려고 호숫가로 내려갔어요. 사슴은 헐레벌떡 목을 축이고는 언제 그랬냐는 듯 우아하게 물속에 자기 모습을 비춰보았죠.

'내 뿔이지만 정말 멋있군. 이렇게 커다랗고 아름다운 뿔이라니!'

사슴은 자신의 뿔이 너무나 자랑스러웠어요. 그러면서 자기 몸을 여기저기 살펴보다가 마침내 다리에 눈이 갔어요. 길고 못생긴 것이 정말이지 초라해 보였어요. 바로 그때였어요. 호숫가에 얼핏 사자의 모습이 보였어요. 사자는 사슴을 잡아먹으려고 저 멀리서 쏜살같이 달려왔어요. 사슴은 깜짝 놀라 얼른 도망치기 시작했어요. 숨을 헐떡이며 사자를 가까스로 따돌린 사슴은 수풀이 우거진 숲속으로 들어갔어요. 거기에 몸을 숨기려는 심산이었죠. 그런데 이게 웬일일까요. 커다란 뿔이 그만 나뭇가지에 걸려버렸어요.

‘아, 어쩌지. 빨리 뿔을 빼내야 해.’

사슴은 당황해서 나뭇가지에서 빠져나오려 애를 썼지만, 커다란 뿔이 너무 단단히 걸려 좀처럼 빠지지 않았어요. 그 순간 어디선가 사자가 나타나 다가왔어요. 저 멀리서 나뭇가지가 요란하게 부딪히는 소리를 듣고 찾아온 거예요.

“무슨 소린가 했더니 바로 너였군. 하하.”

사슴은 몸을 벌벌 떨었어요. 그러다가 마지막으로 뿔을 빼내 보려고 죽을힘을 다해 몸부림쳤어요.

우두둑!

뿔이 부러지면서 다행히 몸을 빼낼 수 있었어요. 사슴은 사자가 방심한 틈을 타 재빠르게 몸을 돌려 뒤도 돌아보지 않고 도망쳤어요. 긴 다리로 쉬지 않고 달리고 또 달렸죠. 멀리까지 왔다고 생각한 사슴은 그제야 안도의 한숨을 쉬었어요.

‘보잘것없다고 생각했던 다리가 나를 살려주었구나.’

- 이솝 우화

사슴은 눈에 띄지 않는 다리보다

남들에게 자기를 멋져 보이게 하는 화려한 뿔을 자랑스러워했어.

하지만 뿔이 외양을 아름답게 해주듯이 다리는 빨리 달리게 해주었지.

사슴은 다리의 가치와 효용을 깨닫지 못했던 거야.

비록 볼품없을지라도 자기 자리에서 역할을 해내는 것들이 얼마나 많은지 아니?

우리가 함께 그것들을 보아주자.

5장

용기 있는 선택, 너를 응원할게

지금 우리 아가는

34~36주

편안한 자세로 전처럼 많이 움직이지 않아요. 모든 신체 기관이 성숙해지고, 대부분 머리를 아래로 향한 채 있어요. 입맛을 다시면서 먹고 싶다고 표현할 만큼 표정이 풍부해져요. 잠자는 동안 꿈도 꾼답니다.

37~40주

몸과 머리의 비율이 균형을 잡으면서 엄마의 골반 안으로 들어가요. 세상에 나올 준비를 마친 거예요. 몸을 뒤덮고 있던 솜털이 거의 사라지고 어깨, 이마 등에만 조금 남아 있어요.

엄마의 몸은

34~36주

자궁 수축이 일어나 자주 배가 땅기고 뭉쳐요. 출산을 연습하는 자연스러운 과정이니 편안한 자세로 안정을 취하면 괜찮아져요. 태아의 머리가 방광을 눌러서 소변을 자주 보고 싶어지고, 압력이 높아지면 요실금 증세가 나타나기도 해요. 골반부 근육을 강화하는 케겔운동을 하면 도움이 될 거예요. 또 소화가 잘되는 음식을 여러 번에 나누어 조금씩 먹어야 해요. 태아가 커서 음식이 위에 머물기 힘들거든요.

37~40주

언제든 출산이 가능한 상태예요. 출산이 다가올수록 아랫배가 땅기는 듯한 진통이 잦아져요. 처음

엔 짧고 약하게 진통이 오다가 한동안 잠잠했다가 하는데, 이것을 가진통이라고 해요. 이제 아기를 만날 시간이에요.

엄마의 마음은

34~36주

완벽한 엄마가 되려고 지나치게 애쓰다 보면 오히려 스트레스를 받을 수 있어요. 아기에게 해주지 못하는 것을 떠올리며 죄책감을 느끼지 않아도 돼요. 할 수 있는 한 노력하고 건강한 생활방식을 유지하는 것이 현명해요. 임신 기간에 가장 기억에 남는 일을 돌아보며 추억하는 것도 좋아요.

37~40주

출산이 임박하면 아무리 태연하려 해도 진통과 분만에 대한 긴장과 두려움을 떨치기 어려워요. 진통을 기다리며 안절부절못하기 마련이에요. 그럴 때는 혼자 시간을 보내기보다 사람들을 만나고 출산 후에 당분간 하기 힘든 일을 해보세요. 출산의 고통보다 아기와의 만남이 더 크고 소중하다고 생각하면서요.

호흡법을 연습하며 초조한 마음을 다스려보세요. 평소에 호흡법을 충분히 연습해두면 조금은 여유를 가질 수 있어요. 분만에 도움이 되는 올바른 호흡법은 태아에게도 산소를 충분히 공급해줘요.

#34주

우리 아가가 쑥쑥 잘 자라주어서 엄마 배가 풍선만 해졌어. 아니 남산만 해졌어.

그런데 엄마는 조금 걱정이 되기도 해.

가끔 겁이 났다가 너를 만날 생각에 설레었다가 다시 두려웠다가

또 너를 품에 안을 생각에 행복해져.

이런 엄마가 이상하지?

하지만 엄마는 최선을 다해 용감해지기로 했어. 아빠와 네가 힘을 줄 테니까.

엄마가 된다는 건 더욱 용감해지는 일인 건지도 몰라.

아주 진실한 용기

〈말하는 새〉

치앙마이에 사는 농부 낫타퐁의 집에는 말을 하는 잉꼬가 한 마리 있었어요. 사람 말을 그대로 따라 하는 게 아니라 자기 생각을 말할 줄 아는 아주 영리한 잉꼬였죠. 주인 낫타퐁은 이 희귀한 잉꼬를 소중하게 돌보았어요.

어느 날, 낫타퐁이 논에서 일을 하고 있는데 이웃집 송아지가 오더니 논을 마구 망가뜨리는 거예요. 화가 난 그는 소리쳤어요.

"저리 가지 못해!"

낫타퐁은 이제 수확만 남겨놓은 벼를 망쳐버린 송아지가 너무 괘씸했어요. 그래서 송아지를 잡아서 요리해 먹은 뒤 남은 고기는 쌀독과 창고에 숨겨두었어요. 다음 날이 되자 송아지를 찾으러 다니던 이웃이 낫타퐁에게 와서 물었어요.

"이보게, 혹시 우리 송아지 못 봤나?"

"송아지? 잘 모르겠는데."

낫타퐁은 시치미를 떼고는 이웃을 돌려보내려 했어요. 그때였어요. 말하는 잉꼬가 포르르 날아오더니 이웃에게 이렇게 말하는 거예요.

"아저씨네 송아지는 우리 주인님이 요리해 먹었어요. 남은 고기는 쌀독과 창고에 숨겨두었고요."

이웃은 깜짝 놀라 얼른 낫타퐁네 쌀독을 열어보았어요. 그랬더니 잉꼬의 말대로 소고기가 들어 있었어요. 창고에도 소고기가 있었고요. 당황한 낫타퐁은 재빠르게 변명했어요.

"그건 자네 송아지가 아닐세. 우리는 시장에서 사 온 고기를 다 거기 저장해둔다네."

이웃이 미심쩍어하고 있는데 잉꼬가 옆에서 다시 말했어요.

"아저씨네 송아지는 우리 주인님이 요리해 먹었어요. 남은 고기는 쌀독과 창고에 숨겨두었고요."

이웃은 어떻게 해야 할지 몰라 고민하다가 낫타퐁에게 제안했어요.

"안 되겠네. 나는 자네 말을 믿을 수 없으니 법정에서 진실을 가리세. 결백하다면 자네도 진실이 밝혀지는 게 좋지 않겠나?"

"아니, 겨우 새가 떠든 말 한마디에 나를 의심하는 건가? 좋네. 내일 잉꼬를 데리고 법정에 가지."

낫타퐁은 겉으로는 자신에 차서 말했어요. 하지만 이웃이 돌아가자 큰 걱정에 빠졌어요.

'어떻게 내 말을 믿게 한담…….'

그러다가 번뜩 좋은 생각이 떠올랐어요. 낫타퐁은 갑자기 잉꼬를 커다란 놋쇠 항아리에 넣고는 항아리를 두드리기 시작했어요. 항아리 안에서는 아무것도 보이지 않았죠. 밖에서 무슨 일이 벌어지는지 알 길이 없는 잉꼬는 점점 더 거세지는 소리에 이렇게 짐작했어요.

'아, 비가 오나 보구나. 빗방울이 점점 더 굵어지는 모양이야.'

다음 날 아침, 낫타퐁은 놋쇠 항아리에서 잉꼬를 꺼내 법정으로 향했어요. 자초지종을 들은 재판관은 누가 진실을 말하는지 판단하기 힘들어 생각에 잠겨 있었어요. 낫타퐁은 답답함을 견디지 못하고 당당하게 물었어요.

"재판관님, 설마 저 하찮은 새의 말을 믿으시는 건 아니겠죠?"

그러자 재판관이 입을 열었어요.

"저 잉꼬는 보통 새가 아니네. 사람보다 지혜로운 새이니 어찌 믿지 않을 수 있겠는가?"

낫타퐁은 이때다 싶어 말했어요.

"그렇다면 저 지혜로운 새는 어젯밤 날씨 같은 건 당연히 알고 있겠지요? 한번 물어보시지요."

재판관은 망설임 없이 잉꼬에게 지난밤 날씨가 어땠는지 물었어요. 그러자 잉꼬가 대답했어요.

"어젯밤에는 비가 많이 왔어요. 빗방울이 아주 굵더라고요."

잉꼬의 대답이 끝나자마자 낫타퐁은 이제 되었다는 듯이 소리쳤어요.

"보십시오! 어젯밤에는 구름 한 점 없이 맑았습니다. 그런데 저 새는 비가 왔다고 헛소리를 하는군요. 이제 누가 진실을 말하는지 아시겠지요?"

재판관은 과연 그렇다고 생각했어요. 자신도 어젯밤에 맑은 밤하늘에 떠 있는 별들을 쳐다봤으니까요. 재판관은 곧 판결을 내렸어요.

"낫타퐁의 말이 진실이오. 저 잉꼬는 거짓말을 일삼는 새이니 이 마을에서 멀리 내쫓아버리시오."

누명을 쓴 잉꼬는 마을을 떠나 깊은 숲으로 들어가야 했어요. 마을에서 살 때와는 달리 먹을 것도 구하기 힘들었지요. 어느 날은 먹을 것을 찾아다니고 있는데 앞에 아름다운 깃털을 가진 새가 보였어요. 잉꼬는 반가워하며 다가가 인사했어요.

"안녕! 네 깃털은 정말 아름답구나."

"나는 앵무새라고 해. 나도 너처럼 내 생각대로 말할 수 있단다."

앵무새는 자랑스럽게 말했어요. 그 말을 들은 잉꼬는 앵무새에게 조용히 속삭였어요.

"맞아. 우리는 정말 신비로운 재주를 가졌어. 하지만 한 가지를 꼭 명심해. 만약 네가 사람과 함께 살게 된다면 절대 네 생각을 다 말해선 안 돼."

앵무새는 잉꼬가 진지하게 하는 충고에 고개를 끄덕였어요. 자기 생각대로 말하던 앵무새가 사람이 가르쳐준 말만 하게 된 것은 바로 이때부터래요.

- 태국 전래동화

진실을 말하는 데는 용기가 필요해.

진실은 아주 큰 힘을 갖고 있어서 어떤 사람들은 그것을 두려워해.

그들은 애써 진실을 덮어버리려 하지.

아가야, 엄마는 네가 불어넣어 준 용기로 이제 더 용감해질 거야.

오늘도 네가 엄마에게 속삭여주는 것 같아. 진실은 힘이 세다고.

#35주

집 안 한쪽이 네 물건으로 하나둘씩 채워지고 있어.

네가 쓸 물건들을 고르면서 엄마 아빠는 무척이나 행복했어.

너를 위해 정성껏 물건을 고르는 게 이렇게 즐겁고 가슴 벅찬 일인 줄 몰랐어.

엄마 아빠가 준비한 신발을 신고 뒤뚱거리며 걸을 우리 아가를 생각하니 웃음이 났어.

엄마 아빠에게 걸어와 안기는 너, 너에게 뛰어갈 엄마와 아빠.

우리가 손을 잡고 걷는 그 길이 축복으로 가득하기를 기도해.

조그만 신발 하나로 이렇게 행복하게 해줘서 고마워 아가야.

비운 만큼 채워질 거야

〈포도밭에서 나오는 방법〉

배고픔에 지친 여우가 먹을 것을 찾아 헤매고 있었어요. 그런데 마침 저쪽에 탐스러운 포도가 주렁주렁 열린 포도밭이 보이는 거예요.

"저 빛깔 좀 봐. 나를 위한 포도로군!"

여우는 포도를 따 먹으려고 신나게 달려갔어요. 그런데 둘레에 높은 울타리가 쳐져 있었어요. 여우는 울타리를 넘으려고 몇 번이나 있는 힘껏 뛰어보았지만 소용이 없었어요. 배도 고픈데 힘까지 잔뜩 쓴 여우는 너무 힘이 들어 철퍼덕 주저앉았어요. 그런데 이게 웬일일까요. 바로 눈앞에 울타리가 벌어진 틈이 있는 거예요.

"오, 여기로 들어가면 되겠네."

여우는 탐스러운 포도를 먹을 생각에 다시 기운을 내서 울타리 구멍에 머리를 집어넣었어요. 그런데 아무리 애를 써도 몸통이 빠지질 않았어요. 벌어진 틈이 너무 작았던 거예요.

"어쩐담. 저 맛있어 보이는 포도를 포기해야 한다니."

여우는 포도를 코앞에 두고 돌아갈 수가 없어서 입맛을 다시며 곰곰이 생각에 빠졌어요.

"아하, 배를 홀쭉하게 만들면 되겠구나. 며칠 더 굶으면 들어갈 수 있겠는데?"

여우는 "난 천재인가 봐!" 하고 자랑할 다른 여우가 없는 걸 아쉬워하면서 그 자리에서 이틀을 더 굶었어요. 과연 여우의 배는 홀쭉해졌고 울타리의 구멍을 자유자재로 드나들 수 있게 되었어요. 여우는 포도밭에 들어서자마자 기다렸다는 듯이 포도를 마구 따 먹었어요.

"이날만을 기다려왔지. 하하."

포도를 먹는 만큼 여우의 배도 부풀어 올랐어요. 만족스럽게 배를 채운 여우는 빵빵한 배를 두드리며 이제 집으로 돌아가야겠다고 생각했어요. 그런데 불룩한 배가 울타리 구멍에 걸려 도저히 빠져나갈 수가 없는 거예요. 그래요, 방법은 한 가지뿐이었어요.

"다시 굶는 수밖에 없겠어."

여우는 맛있는 포도를 앞에 두고도 이틀이나 굶어야 했어요. 그러자 배가 다시 예전처럼 홀쭉해졌어요. 여우는 드디어 울타리 구멍을 통해 밖으로 빠져나올 수 있었어요. 여우는 입맛을 다시며 중얼거렸어요.

"이게 뭐람. 배가 고픈 건 여전하네."

- 이솝 우화

포도밭에서 나온 여우는 결국 배가 고픈 건 똑같다고 투덜댔지만

내일은 또 다른 것이 채워질 거야.

그게 무엇일지 아직은 알 수 없지만 그래서 재미나기도 해.

엄마는 비운 만큼 채워진다는 걸 믿어.

또 얻은 만큼 비워야 할 때가 있다는 것도 알아.

가끔은 무언가를 과감하게 포기하는 용기도 필요하거든.

엄마도 매일 비우는 연습을 할게.

#36주

우리 아가가 언제쯤 세상에 말간 얼굴을 보여줄까.

엄마는 초조한 마음이 들 때면 너를 느끼려 눈을 감고 배를 문질러봐.

그러면 네가 인사하듯 콩콩 움직인단다.

아가야, 우리 처음 만나는 날에는 어떤 인사를 나눌까?

지붕 위로 태양이 떠오르면

〈그래도 내 가슴은〉

새벽이 밝아오고 태양이 하늘의 지붕 위로 올라올 때면
내 가슴은 기쁨으로 가득 찹니다.

겨울에 인생은 경이로 가득 차 있었습니다.
그러나 겨울이 내게 행복을 가져다주었습니까.

아니요, 나는 신발과 바닥 창에 쓸 가죽을 구하느라
늘 노심초사했습니다.
어쩌다 우리 모두가 사용할 만큼 가죽이 넉넉하다 해도
나는 항상 걱정을 안고 살았습니다.

여름에 인생은 경이로 차 있었습니다.

그러나 여름이 나를 행복하게 했습니까.

아니요, 나는 순록 가죽과 바닥에 깔 모피를 구하느라

늘 조바심쳤습니다.

빙판 위의 고기 잡는 구멍 옆에 서 있을 때

인생은 경이로 가득 차 있었습니다.

그러나 고기잡이 구멍 옆에서 기다리며 나는 행복했습니까.

아니요, 물고기가 잡히지 않을까 봐

나는 늘 내 약한 낚싯바늘을 염려했습니다.

잔칫집에서 춤을 출 때 인생은 경이로 가득 차 있었습니다.

그러나 춤을 춘다고 해서 내가 더 행복했습니까.

아니요, 나는 내 노래를 잊어버릴까 봐

늘 안절부절못했습니다.

그렇습니다, 나는 항상 걱정을 안고 살았습니다.

내게 말해주세요, 인생이 정말 경이로 가득 차 있는지.

그래도 내 가슴은 아직 기쁨으로 가득 찹니다.

새벽이 밝아오고 태양이 하늘의 지붕 위로 올라올 때면.

- 이누이트족 전통노래

잠시 잊고 있었나 봐. 이 세상이 얼마나 경이로 가득 차 있는지.

엄마 아빠에게도 얼마나 경이로운 일이 일어나고 있는지.

우리 삶에는 재밌고 멋진 순간들이 무궁무진하단다.

"이런 세상에 온 걸 환영해."

너와 처음 만나는 경이로운 날, 달뜬 인사를 건넬게.

#37주

어느 날 눈을 들어 주위를 둘러보니

엄마가 얼마나 좋은 사람들과 살아가고 있는지 알게 되었어.

네 덕분에 진심을 나누는 법도 조금씩 알아가고 있단다.

우리 아가 곁에도 좋은 사람들이 함께하기를 기도해.

네가 진실함을 알아보는 반짝이는 눈으로 살아가기를 바라.

진심이 진심을 낳는다

〈훈장님의 꿀단지〉

마을에서 아이들에게 글을 가르치는 훈장님은 꿀을 무척 좋아했어요. 그래서 아이들에게 책을 소리 내어 읽으라고 시켜놓고는 몰래 다락에 올라가 꿀을 찍어 먹곤 했어요. 아이들은 혼자 다락에 올라갔다 오는 훈장님이 무얼 하는지 무척 궁금했지요.

"내일도 훈장님이 다락에 올라가면 뭘 하시는지 살짝 엿보고 오자."

"좋아! 몸집이 제일 작은 애가 가는 게 좋겠어."

다음 날도 훈장님은 아이들에게 글을 읽으라고 시킨 뒤 다락으로 올라갔어요. 몸집이 작은 아이도 얼른 뒤따라 올라갔죠. 그랬더니 훈장님이 단지에서 뭔가를 손가락으로 찍어 먹고 있는 거예요. 아이는 살금살금 내려와 밑에서 기다리고 있던 아이들에게 말했어요.

"훈장님이 꿀을 숨겨놓고 혼자 먹고 있어."

그때 훈장님이 아무 일도 없다는 듯이 다락에서 내려왔어요. 아이들은 큭큭 터져 나오는 웃음을 참으며 물었어요.

"훈장님, 그 맛있는 꿀을 혼자 드시는 거예요?"

그러자 훈장님은 손사래를 쳤어요.

"꿀이라니? 내가 다락에서 먹고 온 건 꿀이 아니라 약이란다. 아이들은 먹으면 큰일 나는 약이지."

다음 날 훈장님은 급한 볼일이 생겨 서당에 늦게 오게 되었어요. 그래서 아이들에게 각자 글공부를 하고 있으라고 당부했어요. 아이들은 이때다 싶어 꿀단지를 다락에서 가지고 내려와 차례로 꿀을 찍어 먹기 시작했어요.

"와, 진짜 맛있다!"

"이래서 훈장님이 숨겨놓고 드셨구나. 히히."

아이들은 손가락을 쪽쪽 빨아가며 달콤한 꿀을 계속 찍어 먹었어요. 그러다 보니 맛만 보려고 했던 것이 어느새 꿀단지가 비어버렸어요.

"이제 훈장님한테 뭐라고 하지?"

아이들은 꾸중을 들을 생각에 얼굴이 어두워졌어요. 그때 한 아이가 훈장님의 벼루를 집어 들며 말했어요.

"좋은 생각이 있어. 잘 봐봐."

그러더니 벼루를 방바닥을 향해 내던졌어요. 벼루는 산산조각이 났지요.

"이게 좋은 생각이야?"

"도대체 뭐 하는 거야?"

아이들은 어이없다는 듯이 그 아이를 쳐다봤어요. 그때 마침 볼일을 마친 훈장님이 돌아왔어요. 아이들은 순간 긴장했어요. 한 아이만 빼고 말이에요.

"무슨 일이냐? 어쩌다 벼루를 깬 것이냐?"

훈장님이 호통을 치자 한 아이가 무릎을 꿇으며 말했어요.

"훈장님, 용서해주십시오. 제가 벼루를 구경하다가 손에서 놓치는 바람에 그만……."

그때, 벼루 옆의 꿀단지가 훈장님 눈에 띄었어요.

"그래 알겠다만……, 저 단지는…… 왜 나와 있는 것이냐?"

훈장님이 또 물었어요. 그러자 다시 그 아이가 대답했어요.

"훈장님의 벼루를 깼으니 벌을

받으려고 제가 다락에서 꺼내왔습니다. 저 단지 안에 아이들이 먹으면 안 되는 약이 들어 있다고 하셔서요. 그런데 먹어도 먹어도 달기만 한 것이 계속 기분이 좋아져 다 먹고 말았습니다."

훈장님은 한마디도 하지 못했어요. 이제 와서 저 단지에 든 것이 꿀이라고 말할 수도 없고 꿀이 아니라고 말할 수도 없었으니까요.

- 한국 전래동화

훈장님은 혼자 꿀을 먹으려고 거짓말을 하다가

오히려 서당 아이들의 거짓말에 당하고 말았어.

있잖아, 내가 진실하지 않으면 다른 사람들도 나에게 진실하지 않아.

거짓은 거짓을 낳을 뿐이거든.

생각해보면 훈장님은 서당 아이들을 속인 게 아니라 자기 자신을 속인 건지도 몰라.

거짓말은 나도 모르게 빠지는 함정이란다.

#38주

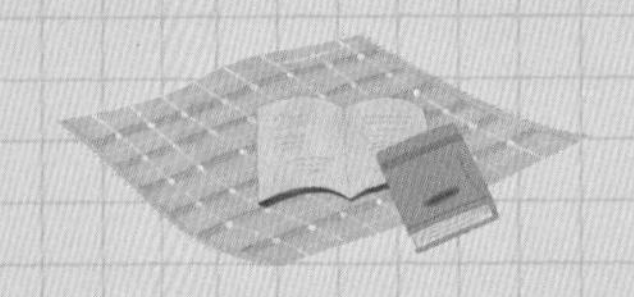

오늘은 네가 찾아와 엄마 뱃속에 머물던 날들을 차례로 떠올려보았어.

소중한 기억을 더듬으며 깨끗이 준비해둔 네 물건을 쓰다듬어보기도 했단다.

아빠가 네 침대를 완성하던 그날을 떠올리다가 엄마는 갑자기 뭉클해졌어.

거기서 네가 잠들고 꿈꿀 수많은 날을 생각하니 말이야.

엄마가 네 곁에서 함께 꿈꿀 수 있기를 바라. 그 자리를 잘 지킬게.

너와 함께 떠나는 모험

〈사막의 지혜〉

강이 있었다
그 강은 머나먼 산에서 시작해 마을과 들판을 지나
마침내 사막에 이르렀다

강은 곧 알게 되었다
사막으로 들어가면
자신의 존재가 사라져버린다는 것을

그때 사막 한가운데에서 어떤 목소리가 들려왔다
"바람이 사막을 건널 수 있듯이
강물도 사막을 건널 수 있다"

강은 고개를 저었다

사막으로 달려가기만 하면

강물이 흔적도 없이 모래 속으로 사라져버린다고

바람은 공중을 날 수 있기에

문제없이 사막을 건널 수 있는 거라고

사막의 목소리가 말했다

"그 바람에게 너 자신을 맡겨라

너를 증발시켜 바람에 실어라"

하지만 두려움 때문에

강은 차마 자신의 존재를 버릴 수 없었다

그때 문득 어떤 기억이 떠올랐다

언젠가 바람의 팔에 안겨 실려 가던 일이

그리하여 강은 자신을 증발시켜

바람의 다정한 팔에 안겼다

바람은 가볍게 수증기를 안고 날아올라

수백 리 떨어진 건너편 산꼭대기에 이르러

살며시 대지에 비를 떨구었다

그래서 강이 여행하는 법은

사막 위에 적혀 있다는 말이 전해지게 되었다

- 이슬람 우화시

강이 바람의 품에 안기듯, 두려워하지 말고 다정한 엄마의 품에 안기렴.

함께 사막을 건너는 거야.

모래바람쯤은 거뜬히 이겨낼 거야.

우리는 멋지게 해낼 거야.

지금까지 우리의 여행은 더할 나위 없었어. 그렇지 아가야.

#39주

어떤 날에는 눈이 퍼붓는 골짜기에

엄마 혼자 버티고 서 있는 것 같기도 했어.

하지만 엄마는 믿어.

곧 눈이 그치고 푸른 잎이 돋아나고 꽃이 필 것을.

어느 시인이 말했듯이 말이야.

우리 꽃망울 가득한 곳에서 만나자.

희망의 조건

〈여행길〉

아키바는 여행하면서 책 읽는 걸 무척 좋아하는 랍비였어요. 그래서 작은 등과 책을 챙겨 당나귀를 타고 여행을 떠났어요. 개 한 마리와 함께요. 그날도 이곳저곳 온종일 돌아다니다 보니 어느새 하루가 저물었어요. 어디서 잠을 청할까 둘러보던 아키바는 저 멀리 오두막을 발견했어요.

'저기서 하루 묵어가야겠구나.'

아키바는 빈 오두막에 짐을 풀고 작은 등을 켰어요. 책을 읽기 위해서였죠. 그가 여행 중 가장 좋아하는 순간이었어요. 그는 행복하게 책을 읽어 내려갔답니다. 그런데 어찌 된 일인지 바람이 훅 불어오더

니 작은 등을 꺼버렸어요. 캄캄해서 아무것도 할 수 없어진 그는 어쩔 수 없이 잠을 청해야 했어요.

다음 날 아침, 잠에서 깨어 오두막 밖으로 나온 아키바는 깜짝 놀랐어요. 어제 온종일 함께했던 당나귀와 개가 없어진 거예요.

'이게 도대체 무슨 일이지? 여행이 한참이나 남았는데…….'

사실 아키바가 잠든 사이에 일이 있었어요. 숲에서 이리가 내려와 개를 물어갔고, 사자가 당나귀를 잡아먹었어요. 그에게는 이제 아무것도 남아 있지 않았어요. 아키바는 기운이 빠져서 터덜터덜 무작정 걷기 시작했어요. 얼마 후 한 마을에 도착했어요. 그런데 집들이 다 불타고 마을 전체가 엉망진창이 되어 있었어요. 사

람들도 모두 사라지고요. 아키바는 다음 마을로 가보기로 했어요. 마침내 다음 마을에 들어서자 사람들이 놀라 그에게 몰려들었어요.

"랍비님, 괜찮으세요? 옆 마을에서 여기까지 걸어오신 거예요?"

"네, 그런데 무슨 일 있습니까? 옆 마을에 사람들이 하나도 없던데요."

"도적 떼가 몰려와서 먹을 것이며 가축이며 다 가져가고 사람들도 잡아갔다지 뭡니까. 그런데 랍비님은 도적 떼의 눈에 띄지 않은 모양이군요. 다행입니다."

아키바는 마을 사람들의 이야기를 듣고 깜짝 놀랐어요.

'만약 어젯밤에 등이 바람에 꺼지지 않았다면 도적 떼가 나를 발견했겠구나.'

아키바는 크게 안도의 한숨을 쉬었어요. 그리고 이어서 한 가지를 깨달았어요.

'그래, 개와 함께 있었으면 도적 떼가 지나갈 때 시끄럽게 짖어댔을 거야. 당나귀도 놀라 덩달아 울부짖었을 거고. 그러면 나는 도적 떼에게 들켜 목숨을 잃었을지도 몰라.'

아키바는 정신이 번쩍 들었어요. 그는 곧 감사의 기도를 올렸어요.

- 탈무드 동화

랍비 아키바는 모든 것을 잃었다고 생각했지만

그 덕분에 목숨을 구했어.

그래, 우리의 여정에도 좋은 일만 가득하진 않을지도 몰라.

하지만 아키바가 그랬듯이

지금은 나쁜 일로 보일지라도 곧 좋은 일이 될 거야.

그러니 지치지 말고 네 길을 가렴.

희망이란 말은 그래서 생겨났나 봐.

좋은 일이 생길 때까지 힘을 내서 기다릴 수 있게.

아가야, 엄마 아빠가 항상 응원할게.

#40주

아가야, 너와 함께 숨 쉬고 어루만지며 이야기하던 40주라는 시간이

엄마에게는 무척 소중했단다.

너와 만날 날을 기다리면서 엄마의 마음은 이만큼 더 커진 것 같아.

요즘 엄마 아빠는 한창 너를 만날 준비를 하고 있어.

우리가 무사히 만날 수 있을지 가끔 불안하기도 하지만

그보다는 설렘이 훨씬 크단다.

이제 서로 얼굴을 마주 보고 심장 소리를 느낄 테니까.

네가 곧 만나게 될 세상이 궁금하니?

엄마 아빠가 곁에서 미소로 기다리고 있을게.

너무 낯설지 않게 말이야.

보이지 않는 것을 볼 수 있다면

〈할머니의 북소리〉

마운트하겐의 산골 마을에 눈이 멀어 앞이 보이지 않는 할머니가 혼자 살고 있었어요. 오랜 세월 지팡이를 짚고 산길을 다니다 보니 보통 사람 못지않게 길을 잘 찾아다녔지요.

어느 날, 할머니는 바닷가 근처의 부잣집에서 일을 하게 되었어요. 부잣집 주인이 산골에서 혼자 사는 할머니의 이야기를 듣고 안타깝게 생각했거든요. 할머니는 기쁜 마음으로 주인집에서 일하기 시작했어요. 하루는 주인이 할머니에게 한 가지 부탁을 했어요.

"할머니, 요리할 때 쓸 물이 필요해요. 바닷물을 좀 길어다 주세요."

이 말을 듣고 할머니는 속으로 조금 걱정이 되었어요. 바닷가에 가본 적이 한 번도 없었거든요. 하지만 용기를 내어 천천히 바다로 가는 길을 찾았어요.

'지팡이만 있으면 못 갈 곳이 없어.'

이윽고 바닷가에 도착하자 파도가 하얗게 부서지고 있었어요. 할머니는 그 모습을 볼 수 없었죠. 하지만 파도가 바위에 부딪치는 소리를 들으며 생각했어요.

'이건 예전에 산속에서 축제를 벌일 때 듣던 북소리잖아? 오랜만에 들으니 참 좋구나.'

파도 소리를 처음 들어본 할머니는 파도 소리를 북소리라고 생각했어요. 그러고는 지난 추억이 떠올라 북소리에 맞춰 예전처럼 신나게 춤을 추었어요.

'아 참! 주인이 바닷물을 길어 오라고 했지?'

시간 가는 줄도 모르고 춤을 추던 할머니는 부랴부랴 바닷물을 담아 주인집으로 돌아갔어요. 다음 날도 할머니는 주인의 심부름으로 바닷가에 갔다가 북소리를 들으며 흥겹게 춤을 추었어요. 또 시간이 훌쩍 지나버렸죠.

주인은 어제부터 한참이나 지나서야 돌아오는 할머니를 보며 의아했어요. 바닷가는 그리 멀지 않은 거리였거든요. 그래서 다음 날에는 할머니를 바닷가에 보내놓고 아들을 불렀어요.

"할머니가 바닷가에서 뭘 하는지 보고 오렴. 너무 오래 계시니 궁금하구나."

아들은 바닷가에 다다르자 어머니의 말대로 할머니를 찾기 시작했어요. 그런데 우스꽝스럽게도 할머니가 파도 소리에 맞춰 열심히 춤을 추고 있는 거예요. 아들은 터져 나오는 웃음을 참으며 집으로 돌아가 자기가 본 것을 그대로 이야기했어요.

"뭐라고? 춤추느라 늦게 돌아오셨다고? 하하."

얼마 후 할머니가 아무렇지도 않게 바닷물을 길어 집으로 돌아왔어요. 주인은 큰 소리로 웃으며 다가가 할머니에게 말했어요.

"할머니, 파도 소리에 맞춰 춤추는 게 그렇게 재밌어요?"

할머니는 순간 얼음이 되었어요. 너무 놀라 움직일 수가 없었어요.

"그게 북소리가 아니었소?"

추억에 젖어 흥겨워하던 북소리가 파도 소리였다는 사실을 깨닫자 할머니는 혼란에 빠졌어요. 주인과 아들은 할머니를 위로해주었지요. 그 후 사람들은 파도 소리를 들으면 이렇게 말하곤 한대요.

"눈먼 할머니의 북소리가 들리네."

- 파푸아뉴기니 옛이야기

어쩌면 할머니는 보이지 않아서 더 행복했을지도 몰라.

무엇이든 마음껏 상상할 수 있었으니까.

너도 이제 네가 만날 세상을 마음껏 그려보렴.

세상에는 보이지 않아서 볼 수 있는 게 더 많거든.

아가야, 네게는 보이지 않는 것을 볼 수 있는

아름다운 눈이 있단다.

그 밝은 눈으로 엄마 아빠를 찾아올 너를 기다리고 있을게.

너의 앞날을, 너의 하루하루를 축복할게.

전 세계 엄마들의 입에서 입으로 전해 내려온 태교 동화

40주의 속삭임

초판 1쇄 발행 2018년 10월 5일
글 김현경
그림 국형원

펴낸이 민혜영 | **펴낸곳** (주)카시오페아 출판사
주소 서울시 마포구 월드컵북로 42다길 21(상암동) 1층
전화 02-303-5580 | **팩스** 02-2179-8768
홈페이지 www.cassiopeiabook.com | **전자우편** editor@cassiopeiabook.com
출판등록 2012년 12월 27일 제2014-000277호
외주편집 공순례

ISBN 979-11-88674-26-8 03590

이 도서의 국립중앙도서관 출판시도서목록 CIP은 서지정보유통지원시스템 홈페이지(http://seoji.nl.go.kr와 국가자료공동목록시스템 http://www.nl.go.kr/kolisnet에서 이용하실 수 있습니다.
CIP제어번호: CIP2018028556

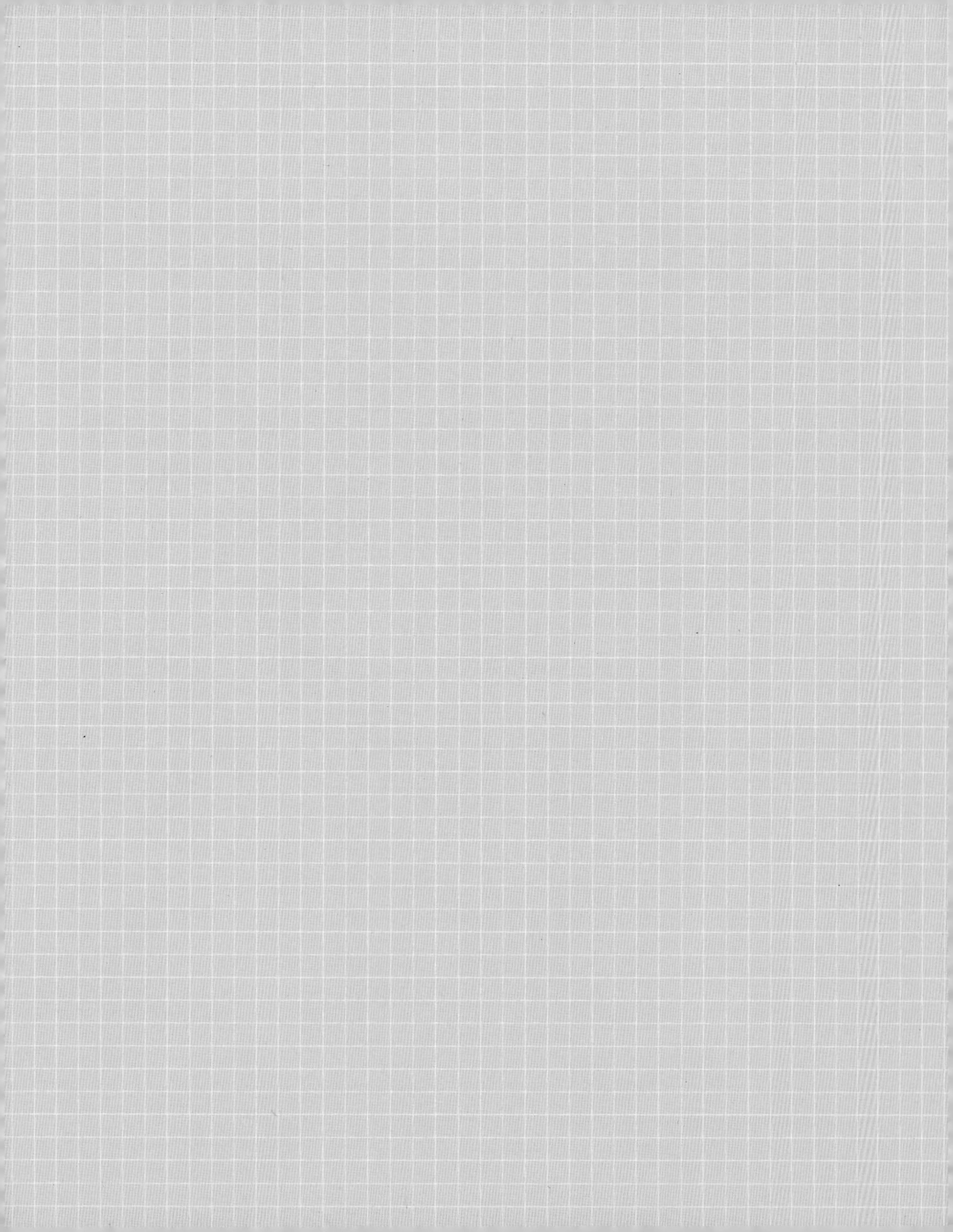

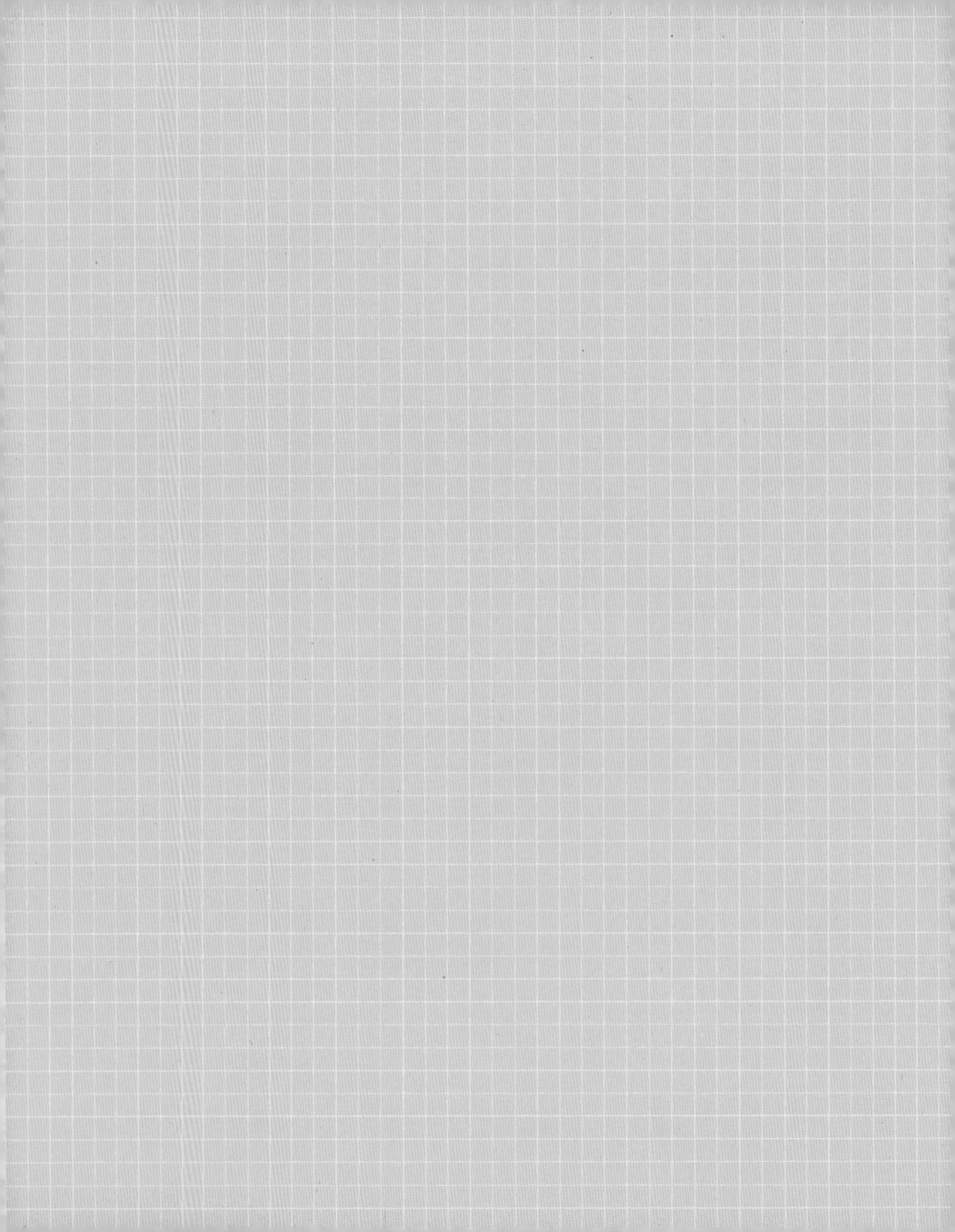

부록

엄마 아빠가 함께 쓰는 태교일기

40주의 기다림

이 책의 사용 설명서

1. 임신부터 출산 전까지 엄마, 아빠의 태교 이야기를 꾸며주세요.

이 노트는 뱃속 아기의 사진을 한 장 한 장 채워가면서 엄마 아빠의 아기 사랑이 점점 커져갈 수 있도록 구성했습니다. 중간중간 아기의 초음파 사진을 붙일 곳을 마련했어요. 또 엄마 아빠의 사진을 붙이거나 그림을 그리거나 편지를 쓰면서 사랑을 표현할 공간도 만들었답니다. 아이가 커서 태교일기를 보며 엄마 아빠의 사랑을 마음껏 느낄 수 있도록 말이에요. 늘 곁에 두고 시간이 날 때마다 어느 부분이든 펼쳐서 자유롭게 쓰고, 메모하고, 색칠해보세요.

2. 태교 이야기는 구체적으로 길게 적는 것이 좋습니다.

엄마의 스트레스나 불안은 뱃속 아기에게 그대로 전달됩니다. 나를 위해, 그리고 아이를 위해 임신 기간을 좀더 편안하고 여유로운 마음으로 지내보세요. 태어날 아이를 생각하며 가슴속 깊은 곳의 이야기를 써보세요. 자기도 몰랐던 자신의 꿈과 사랑, 과거와 미래, 가족과 관계에 관한 소중한 이야기들을 반나게 될 거예요.

3. 천천히 숨을 고르고 태어날 아이를 생각하며 글을 써보세요.

손으로 글을 쓰는 일이 점점 줄어드는 요즘입니다. 낯설겠지만, 잠깐 짬을 내어 여기에 내 손으로 글씨를 써보세요. 바쁜 일상 속에서 치유되고 정리되는 느낌이 들 것입니다. 나중에 그 글을 다시 읽다 보면 쓸 때의 느낌까지 고스란히 되살아날 거예요.

4. 시간이 지남과 함께 계속 덧붙여가세요.

바쁘게 살아가느라 정작 중요한 것을 잊고 사는지도 모르는 엄마들에게 아이와 가족에 대해 한 번 더 생각해볼 시간을 갖게 해줍니다. 답변이 떠오르지 않으면 건너뛰어도 되고, 간단한 힌트나 아이디어만 메모하고 나중에 적어도 됩니다. 시간이 지나면 같은 질문에 대한 답을 또 써보세요. 어느 순간 한결 성장한 자신의 모습을 깨닫고 행복하게 웃게 될 거예요.

5. 이 책은 당신의 가장 빛나는 순간들에 대한 기록이 됩니다.

태교일기는 억지로 해내야 하는 숙제가 아닙니다. 임신 중 뱃속 아기의 변화 과정이나 엄마의 일상을 짧은 글로 기록해보세요. 엄마와 아기의 좋은 추억거리도 되고, 태교에도 효과 만점이랍니다. 나중에 펼쳐보았을 때, 당신의 가장 빛나는 순간들을 생생히 되살려줄 거예요.

임신부 캘린더

아이가 태어나기까지 간략한 주별 플래너를 정리해보세요. 각 차수별로 꼭 알아야 하는 산전 검사 항목이나 일정, 출산 준비 목록 등을 기록해보세요. 임신까지의 주요 일정을 한눈에 파악할 수 있을 거예요.

주차	날짜	주요일정
1~4주		
5주		
6주		
7주		
8주		
9주		
10주		
11주		
12주		
13주		
14주		
15주		
16주		
17주		
18주		
19주		

20주		
21주		
22주		
23주		
24주		
25주		
26주		
27주		
28주		
29주		
30주		
31주		
32주		
33주		
34주		
35주		
36주		
37주		
38주		
39주		
40주		
출산 예정일		

우리에게 새로운 가족이 생겼어요

처음으로 자기 모습을 보여준 아기에게 엄마의 마음을 전하는 편지를 써보세요. 어쩌면 자세히 들여다봐야 아기의 모습이 보일 거예요. 모습은 또렷하지 않지만 새로운 생명이 내 안에 있다는 사실에 경이로움과 행복감이 느껴질 거예요.

아이의 초음파 사진을 붙여주세요

〈초음파 사진 붙이는 곳〉

병원 간 날 ______ 임신주수 ______ 주

엄마 체중 ______ 혈압 ______

태아 몸무게 ______

태아 발달 상황 ______

의사 선생님이 얘기한 주의사항 ______

______

〈엄마의 사진〉

아가야, 엄마 뱃속에 네가 있단다

이 기간에 엄마의 모습이 어땠나요? 엄마의 사진을 붙이고 아기에게 이야기를 들려주세요. 어떤 사진인지, 무엇을 하는 중인지, 어떤 생각을 했는지, 그리고 아기에게 꼭 하고 싶은 말은 무엇인지 가만가만 속삭여주세요.

7주

<아빠의 사진>

아빠의 태교 이야기

이때 엄마는 아기가 찾아와 행복하기도 하지만, 임신 초기의 불편한 증세와 통증을 경험하면서 우울해지기도 해요. 아빠가 엄마의 옆에서 힘이 되어주세요. 아빠의 사진을 붙이고 태어날 아가에게 아빠의 마음을 편지로 전해주세요.

40주 동안 엄마의 몸무게 변화를 기록해보세요

임신 기간 엄마의 몸은 아기가 건강하게 잘 자라도록 뒷받침하기 위해 여러모로 변한답니다. 몸무게가 늘어나는 것도 그중 하나예요. 몸무게가 느는 것은 아기가 쑥쑥 자라고 있다는 얘기이기도 하므로 반가운 일이지요. 몸무게의 변화를 그래프로 나타내보세요.

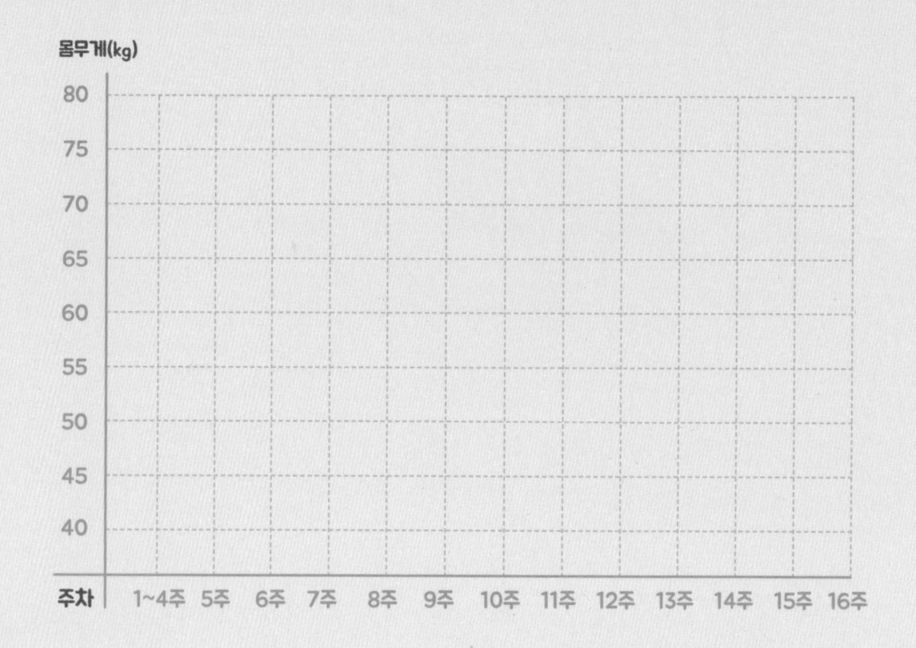

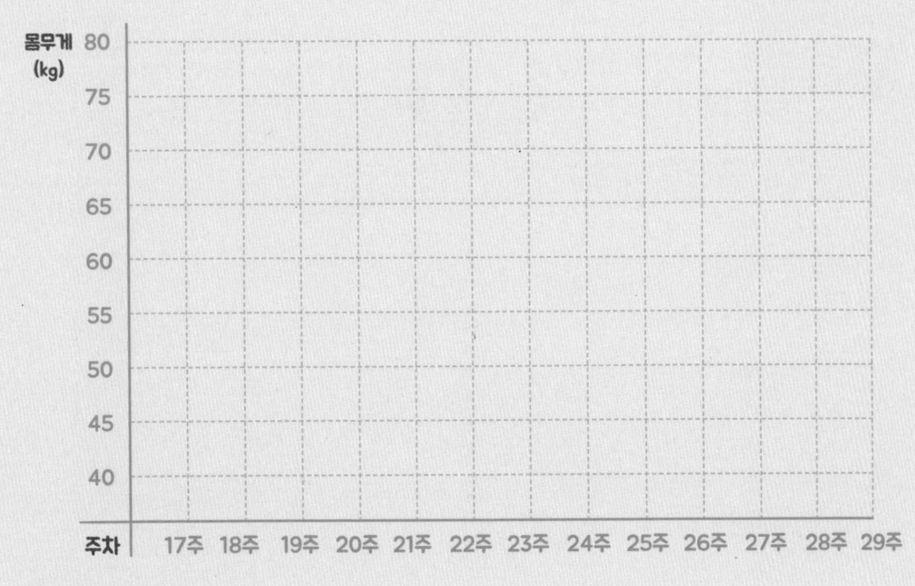
몸무게 (kg)
80
75
70
65
60
55
50
45
40
주차
17주 18주 19주 20주 21주 22주 23주 24주 25주 26주 27주 28주 29주

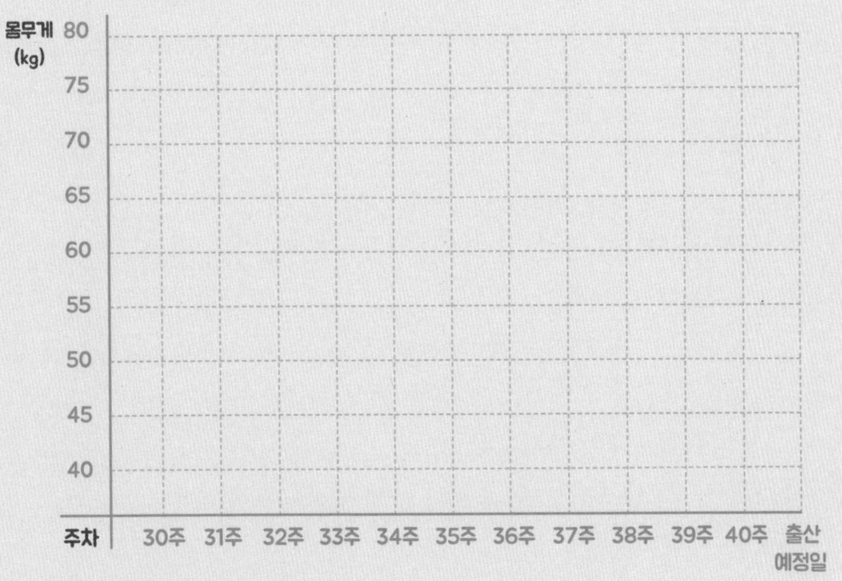
몸무게 (kg)
80
75
70
65
60
55
50
45
40
주차
30주 31주 32주 33주 34주 35주 36주 37주 38주 39주 40주 출산 예정일

임산부가 누릴 수 있는 혜택

★ 임산부 철분제 지원

정부에서 진행하고 있는 '임산부 철분제 지원'은 보건소에 등록한 임산부 중에서 임신 16주 이상을 대상으로 철분제 5개월분을 지원하는 제도입니다. 임신확인서를 지참해서 보건소를 방문하면 철분제를 지원받을 수 있어요.

★ 국민행복카드

임신부의 경제적 부담을 줄여주고 엄마의 건강관리와 아기의 건강한 출생을 위해 진료비 일부를 국가에서 지원하는 카드입니다. 임신 1회당 50만 원, 쌍둥이 임신부는 90만 원까지 지원받을 수 있습니다.

★ 임산부 교통시설 혜택

임산부는 교통시설 혜택도 받을 수 있어요. 지하철과 버스, 기차, 공항 이용에 대해서 알아볼까요?

● 지하철·버스의 임산부 배려석

지하철과 버스에는 임산부 배려석이 마련되어 있습니다. 노약자나 장애인을 위한 교통 약자 배려석과 함께 분홍색 좌석이 있죠. 이 분홍색 좌석이 바로 임산부 배려석입니다. 임산부라는 사실은 '임산부 배지'를 통해 알릴 수 있어요. 임산부 배지는 가까운 보건소를 방문해 받으면 됩니다. 별도의 신청 절차가 있는 건 아니지만, 재고가 없을 수도 있으니 미리 연락한 후 방문하는 게 좋습니다.

● 코레일의 승차권 할인, 맘(mom) 편한 KTX

임산부를 대상으로 KTX의 특실 여유 좌석을 제공하는 상품입니다. 승차권에 이름이 표기되며 본인만 사용할 수 있습니다. 병원에서 발급받은 증명서(임신진단서 또는 임신확인서)와 본인 신분증을 지참하고 기차역 매표창구를 방문하여 인증(확인과 등록)을 해야 합니다.

＊ 이용 기간(자격 유효)**: 등록일~출산 예정일 + 1개월**

＊ 승차권 예매 방법

– 레츠코레일 홈페이지: 승차권 예약 → 할인 승차권 → 맘 편한 KTX

– 코레일 톡: 할인 테마 승차권 → 맘 편한 KTX

＊ 할인율: 일반 운임의 40퍼센트 할증인 특실요금 면제

＊ 구입 제한: 1인당 1회 1매, 1일 2회, 1개월 8회까지

● 인천공항의 패스트 트랙(Fast Track) 서비스

교통 약자와 출입국 우대자에게 신속하고 빠른 출국 수속을 제공하는 서비스입니다.

＊ 이용 대상

보행상 장애인(1~5급)**, 유·소아**(만 7세 미만)**, 고령자**(만 70세 이상)**, 임신부, 항공사 병약 승객**(휠체어, 항공 침대, 의료용 산소 등이 필요한 승객)**, 출입국 우대자**

＊ 이용 방법

본인이 이용하는 항공사의 체크인 카운터에서 이용 대상자임을 확인받고, 교통 약자 우대카드를 받아 전용 출국장 입구에서 여권과 함께 제시합니다.

★ 워킹맘 임산부를 위한 혜택 찾아보기

국가적으로 저출산 대책에 일과 가정의 양립을 위해 다양한 모성보호 정책을 펴고 있어요. 워킹맘인 경우 받을 수 있는 임산부 혜택을 꼭 찾아보세요.

● 출산 전후 휴가 신청

임신 중의 여성에게 출산 전과 출산 후 휴가를 주어서 출산한 여성 근로자가 임금상실 없이 휴식을 보장받도록 하는 제도입니다. 지역 고용보험센터에 방문해서 출산 전후 급여를 신청하거나, 사업장에서 온라인으로 접수해도 됩니다. 국번 없이 1350에 문의하거나 고용보험 홈페이지를 참고하세요.

● 휴가 급여 모의 계산

고용보험 홈페이지에 들어가면 출산 전후 휴가시 받게 될 급여를 계산해볼 수 있습니다. 여기에서 계산된 내용은 사용자가 입력한 값을 토대로 작성되므로 실제 수급 일정 및 수급액과는 차이가 있을 수 있다는 점 유의하세요.

고용보험 홈페이지 바로 가기

● 육아휴직 신청

육아휴직이란 근로자가 만 8세 이하 또는 초등학교 2학년 이하의 자녀를 양육하기 위하여 신청, 사용하는 휴직을 말합니다. 1년 이내로 신청할 수 있어요. 근로자의 권리이므로 부모가 모두 근로자이면 한 자녀에 대하여 아빠도 1년, 엄마도 1년 사용 가능합니다.

● 육아기 근로시간 단축

육아휴직을 신청할 수 있는 근로자가 육아휴직을 대신해서 육아기 근로시간 단축을 신청할 수 있습니다. 자녀 1명당 육아휴직과 육아기 근로시간 단축을 합산하여 엄마 아빠가 각각 최대 1년까지 사용할 수 있어요.

아기가 혼자 힘으로 움직여요!

아기가 계속 성장하면서 처음으로 자기 힘으로 움직이게 되는 시기입니다. 그 움직임을 엄마는 아직 느낄 수 없지만 아이는 나날이 자라고 있답니다. 탯줄이 완전히 생기고 주요 기관이 형성되는 중요한 때예요.

아이의 초음파 사진을 붙여주세요

<초음파 사진 붙이는 곳>

병원 간 날 ______ 임신주수 ______ 주

엄마 체중 ______ 혈압 ______

태아 몸무게 ______

태아 발달 상황 ______

의사 선생님이 얘기한 주의사항 ______

______

10주

엄마와 아빠의 연애 이야기를 들려주세요

어떻게 만나서 사랑하고 결혼하게 되었는지, 콩닥콩닥 가슴 설레던 순간을 아기에게도 들려주세요. 그 시절을 떠올리며 엄마 아빠가 미소 지으면 아기에게도 그 행복감이 전해질 거예요.

11주

오늘은 내가 나한테 편지를 쓰는 날이에요

호르몬 수치가 올라가서 아무것도 아닌 일에 갑자기 눈물이 나거나 쉽게 상처받을 수 있어요. 엄마가 되기 전의 기쁨과 불안, 설렘과 떨림을 글로 남겨보세요. 마음이 한층 가벼워질 거예요.

12주

우리 가족과 친척을 소개합니다

아이가 태어나면 세상에 엄마와 아빠만 있는 게 아니라 엄마 아빠를 둘러싼 친척이 있다는 것도 알게 되죠. 미리 가족사진을 보여주면서 할아버지, 할머니, 고모, 이모, 삼촌 등 자주 만나게 될 가족들을 소개해주세요.

★ 병원을 선택하는 법

임신을 하면 제일 먼저 가는 곳이 산부인과입니다. 임신과 출산의 전 과정에 든든한 안내자가 되어줄 산부인과를 고르는 데에도 나만의 기준이 필요합니다. 나에게 맞는 산부인과 고르는 방법을 소개합니다.

● 집이나 직장과 가까운 곳에 있는 산부인과를 선택합니다

출산과 임신 기간 동안 전문의의 도움을 받아야 하는 곳이 산부인과입니다. 그렇기 때문에 집에서 가까운 곳에 있어서 가기 편한 병원을 추천합니다. 직장에 다니는 임산부라면 직장에서 가까운 산부인과를 선택하는 것도 좋습니다.

● 대학병원, 개인병원, 여성 전문병원, 종합병원 등 나에게 맞는 병원 형태를 선택합니다

진료 대기 시간, 긴급 상황에서의 대처 능력, 시설 수준 등을 고려하여 나에게 맞는 병원 형태를 선택합니다. 일반 분만이 아니라 수중 분만, 그네 분만, 가족 분만 등 원하는 특수 분만 형태가 있다면 이를 고려해서 선택합니다.

★ 출산 예정일 산출 방법

최종 월경일로부터 280일, 즉 40주되는 날이 출산 예정일입니다.

- 예정월: 마지막 월경을 한 달이 1~3월이면 9를 더하고, 4~12월이면 3을 뺍니다.
- 예정일: 마지막 월경을 한 첫째 날에서 7을 더합니다.

예) 마지막 월경을 시작한 날이 4월 5일이었다면, 출산 예정일은 다음 해 1월 12일

- 예정월: 4월 – 3 = 1월
- 예정일: 5일 + 7 = 12일

헤엄치는 아이를 상상해보세요

지금 우리 아이는 풍부해진 양수에서 헤엄치며 놀고 있어요. 이 시기에 양수는 폐 계통의 발달에 중요한 역할을 한답니다. 부드럽고 따뜻한 양수 속에서 아이가 헤엄치는 모습을 상상해보세요.

아이의 초음파 사진을 붙여주세요

〈초음파 사진 붙이는 곳〉

병원 간 날 ________________ 임신주수 ________________ 주

엄마 체중 ________________ 혈압 ________________

태아 몸무게 ________________

태아 발달 상황 ________________

의사 선생님이 얘기한 주의사항 ________________

____

14주

태명을 정해요

우리 아이의 태명을 정했나요? 정했다면 태명과 그에 얽힌 이야기를 들려주세요. 그리고 그 이름으로 자주 불러주세요. "○○야, 엄마랑 아빠가 널 기다리고 있단다. ○○야 사랑해."

15주

태몽을 들려주세요

아기를 기다리며 태몽을 꾸었나요? 꾸었다면 어떤 태몽인지 기록해보세요. 그림으로 그려도 좋아요. 그 태몽이 어떤 의미라고 생각하는지 아이에게 이야기해주세요.

임신 기간 운동 계획표

임신 기간의 운동을 계획해보세요. 엄마가 건강해야 아기도 건강하겠죠? 힘들겠지만, 공원을 산책하는 등 나름대로 할 수 있는 가벼운 운동을 해보세요.

주차	날짜	운동 계획표
1~6주		
7주		
8주		
9주		
10주		
11주		
12주		
13주		
14주		
15주		
16주		
17주		
18주		

19주		
20주		
21주		
22주		
23주		
24주		
25주		
26주		
27주		
28주		
29주		
30주		
31주		
32주		
33주		
34주		
35주		
36주		
37주		
38주		
39주		
40주		
출산 예정일		

임신 정보 어디서 얻을까요?

임신과 관련하여 유용한 정보를 얻을 수 있는 사이트를 모아보았어요. 또 각종 육아 브랜드에서도 임신부교실과 산모교실을 운영합니다.

- 임신·육아 종합포털 아이사랑: www.childcare.go.kr
  보건복지부와 사회보장정보원에서 운영하는 임신종합포털이다. 임신, 출산, 육아, 어린이집 등 다양한 정보를 얻을 수 있다. 전문가 상담, 정부지원 서비스, 어린이집 유치원에 관한 다양한 정보도 함께 볼 수 있다.

- 매일아이: www.maeili.com
  매일유업에서 운영하는 임산부와 엄마를 위한 맞춤 사이트다. 다양한 임신육아 정보는 물론, 태교음악 100선을 무료로 들을 수 있고, 회원가입을 하고 신청하면 임신 축하선물인 '마더박스'를 선물로 준다.

- 일동후디스 맘 아카데미: www.ildongmom.com
  일동후디스에서 만든 사회공헌 프로그램이다. 후디스 맘들을 위한 아카데미 클래스가 수시로 열리므로 다양한 프로그램에 참여할 수 있다.

- 파스퇴르 아이: www.pasteuri.com
  롯데푸드(주)파스퇴르에서 운영하는 임신 출산 정보 사이트다. 육아 회원들을 위한 다양한 정보를 제공하면서 엄마들의 경험을 공유하는 커뮤니티를 운영한다. 다채로운 예비 엄마 교실도 상시 운영한다.

• 매터니티스쿨: www.maternityschool.co.kr

1984년부터 운영해온 여성 대상 문화 강좌다. 임신 출산에 대한 다양한 지식과 예비 엄마를 위한 각종 문화콘텐츠를 제공한다. 임신 출산 육아에 관한 다양한 강좌를 수시로 진행한다.

• 맘스클럽: www.moms-club.co.kr

다양한 이벤트와 체험단 산모교실을 운영 중이다. 자연주의 출산 교육과 함께 산후 올바른 음식 가이드, DIY 등 임산부에게 필요한 정보를 함께 나눈다. 벼룩시장도 운영하고 있어 중고거래를 하고자 하는 사람들에게도 유용하다.

• 마더파티: www.motherparty.co.kr

건강한 아이를 출산할 수 있도록 올바른 정보를 제공하기 위해 개설된 사이트다. 지역별 산모교실이 운영되므로 보다 직접적인 도움을 받을 수 있다. 예비 엄마들에게 꼭 필요한 제품을 저렴하게 구입할 수 있도록 미니 박람회도 진행하고 있다.

• 뱅크베이비: www.bankbaby.com

계획임신을 위한 임신 캘린더부터 태교와 출산, 육아 정보, 운세와 사주, 건강 백과까지 다양한 이야기가 가득하다. 병원을 비롯한 편의시설 찾기, 정부에서 지원하는 복지혜택 정보 등도 쉽게 검색할 수 있다.

아기의 심장이 뛰어요

이 시기가 되면 청진기로 아기의 심장박동을 확인할 수 있어요. 두 개의 심장 소리를 함께 듣는 놀라운 경험이 시작됩니다. 엄마는 식욕이 왕성해져서 체중이 증가하기 시작합니다.

아이의 초음파 사진을 붙여주세요

〈초음파 사진 붙이는 곳〉

병원 간 날 ______________________ 임신주수 ______________________ 주

엄마 체중 ______________________ 혈압 ______________________

태아 몸무게 ______________________

태아 발달 상황 ______________________

의사 선생님이 얘기한 주의사항 ______________________

____

18주

아기와 이야기하기

아기는 임신 5개월 정도부터 외부의 소리를 들을 수 있습니다. 뱃속 아기와 대화를 시작해보세요. 엄마의 부드러운 목소리에 아기는 안정감을 느낄 거예요.

태교여행 계획을 짜보세요

임신이 중기로 접어들면 무리가 되지 않는 수준에서 태교여행 계획을 짜보세요. 여행을 떠나면 산모의 기분 전환에도 큰 도움이 됩니다. 가고 싶은 곳의 사진을 붙이고 꼼꼼한 계획을 짜는 것만으로도 기분이 좋아질 거예요.

주차	여행 날짜	여행 계획표

주차	여행 날짜	여행 계획표

20주

아가야, 귀 기울여 들어보렴

아이를 잘 키우고 싶은 엄마 아빠의 마음을 담아 아이에게 들려주고 싶은 명언이나 좋은 글귀를 적어보세요.

★ 일상생활에서 주의해주세요

- 임신부는 무거운 것, 무리한 동작, 배에 압박을 가하는 행동은 피합니다. 피로를 느끼면 곧바로 휴식을 취합니다. 매일 일정한 휴식 시간을 정해놓고 편안하게 누운 자세로 휴식하는 것이 좋습니다.
- 하루 30분 정도의 산책은 기분 전환에 도움이 됩니다.
- 장거리 여행은 될 수 있는 대로 피합니다. 불가피한 경우에는 진동이 적은 기차여행을 선택합니다.
- 뜨거운 물에서 오랫동안 목욕하는 것은 피하고, 세균성 질염 방지를 위해 매일 저녁 질 외부를 씻습니다.
- 애완동물은 세균 감염의 위험이 있으므로 출산 후까지 다른 사람에게 맡기는 것을 권장합니다.
- 통풍이 잘되고 신축성이 좋으며 부드러운 느낌의 면 소재 옷을 선택합니다. 넉넉하여 입고 벗기 편리한 것이 좋습니다. 구두는 2~5센티미터 정도 높이의 안정감 있는 것을 신는 것이 좋습니다.
- 성생활은 특별히 제한할 필요는 없으나 유산이나 조산의 위험이 있는 경우는 피하는 것이 좋습니다. 특히 막달은 금욕하는 것이 좋습니다.

★ 대중교통 이용 시 주의하세요

- 무엇보다 배가 흔들리지 않도록 해야 합니다. 어느 정도 배가 나왔다면 복대를 착용하는 것이 좋습니다.
- 대중교통의 흔들림이 태아에게 전해질 수 있습니다. 배를 손으로 감싸 충격이 완화되도록 해주세요.
- 버스, 지하철과 같이 이용객이 많은 대중교통을 이용할 때는 반드시 완전히 정차한 뒤에 타고 내리도록 합니다.
- 계단을 오르기보다는 엘리베이터나 에스컬레이터를 이용해서 움직임을 최소화해주세요.
- 임신 초기에는 유산 위험성이 높습니다. 대중교통을 이용할 때는 좌석에 앉아서 가는 것이 좋습니다.
- 출·퇴근 시간에는 지하철이 혼잡하므로 사람이 적은 양쪽 끝 칸을 이용합니다.
- 문이 닫힐 때 무리하게 타거나 내리지 말고 다음 차를 이용하도록 합니다.
- 임산부 배지, 스티커 등을 착용해 주변에서 임산부임을 알아보게 합니다.

지금 우리 아가는요~

머리 모양이 완전해지고 머리카락이 생겼어요. 몸보다 머리가 큰 모습이에요. 움직임이 더욱 활발해져서 엄마만 느끼던 태동을 이제 아빠도 느낄 수 있어요.

아이의 초음파 사진을 붙여주세요

〈초음파 사진 붙이는 곳〉

병원 간 날 ______________ 임신주수 ______________ 주

엄마 체중 ______________ 혈압 ______________

태아 몸무게 ______________

태아 발달 상황 ______________

의사 선생님이 얘기한 주의사항 ______________

____

22주

뱃속 아기와 이야기하기

청각이 발달해서 엄마 몸속은 물론이고 자궁 밖의 소리를 완전하게 듣고 반응할 수 있어요. 뱃속 아기와 대화를 시작해보세요.

23주

이런 엄마가 될게

어떤 엄마가 되고 싶은가요? 꿈꾸는 엄마의 모습을 적어보고, 좋은 엄마의 모습을 그려보세요.

육아가 쉬워지는 육아 앱

★ 임신부터 육아까지 임신육아종합포털, 아이사랑(보건복지부)

임신·출산·육아의 전문가 상담 및 상담 예약, 어린이집 이용 관련 상담 서비스부터 어린이집 찾기, 입소 대기, 보육료 모바일 결제, 시간제 보육신청 등 다양한 서비스를 이용할 수 있어요. 예방접종과 건강검진 내역도 한 번에 확인할 수 있어요.

★ 정부 3.0 서비스 알리미(행정자치부)

나에게 딱 맞는 맞춤 혜택 서비스를 알아볼 수 있어요. 생애주기별 서비스와 육아 관련 서비스 등 우리 가족과 아이를 위한 정부의 지원에는 어떤 것이 있는지 바로 확인할 수 있어요.

★ 질병관리본부 예방접종 도우미(질병관리본부)

아기가 받아야 할 예방접종과 스케줄을 안내하고 다음 접종일 알람 서비스도 제공하고 있어요. 주변의 보건소와 의료기관도 조회할 수 있습니다.

★ 유치원 알리미(교육부, 시도교육청, 한국교육학술정보원)

지도 서비스로 주변 유치원을 검색하고 확인할 수 있어요. 유치원 공시항목 중 설립구분별·지역별로 주요 지표도 조회할 수 있어요. 우리 아이에게 딱 맞는 유치원을 쉽게 찾도록 도와줍니다.

★ **EBS 육아학교 PIN(EBS)**

육아 라이브 방송 <EBS 육아학교 PIN>의 모바일 앱으로 육아 멘토들의 강연과 콘텐츠, 육아 팁 등을 만나볼 수 있습니다. 관심 있는 주제와 키워드를 검색하여 다양한 정보를 찾을 수 있고, 내가 좋아하는 육아 멘토를 팔로우해서 질문에 대한 답변도 받을 수 있어요.

지금 우리 아가는요~

아이의 피부를 보호하기 위해 태지가 생깁니다. 아이 몸을 둘러싼 회백색의 물질로 양수가 아이 몸에 침범하지 못하게 해주지요. 아이는 몸을 긁는 등 동작이 복잡 · 다양해지고 소변을 배출합니다.

아이의 초음파 사진을 붙여주세요

〈초음파 사진 붙이는 곳〉

병원 간 날 ______________ 임신주수 ______________ 주

엄마 체중 ______________ 혈압 ______________

태아 몸무게 ______________

태아 발달 상황 ______________

의사 선생님이 얘기한 주의사항 ______________

____

출산 후 계획을 세워보세요

산부인과 정보, 산후조리원 정보, 산후도우미 정보, 태아보험 등을 정리해보세요. 출산 후에는 아기만이 아니라 엄마에게도 도움의 손길이 필요해요. 미리미리 계획하고 준비하면 산후관리가 훨씬 수월해질 거예요.

산부인과 정보	산후조리원 정보

산후도우미 정보	태아보험

26주

아이와 함께하고 싶은 일들을 써보세요

아빠와 머리를 맞대고 곧 태어날 아이와 함께하고 싶은 버킷리스트를 적어보세요. 버킷리스트를 실천했는지 체크하면서 아이와 소중한 추억을 쌓을 수 있을 거예요.

아이와 함께하고 싶은 버킷리스트	✓
	○
	○
	○
	○
	○
	○
	○
	○
	○

27주

준비해야 할 아기용품을 적어보세요

사야 할지 받아야 할지, 받는다면 누구에게 받을지 미리 정리해보세요. 어떤 선물을 받고 싶은지를 산모가 이야기하면 상대방에게도 도움이 될 수 있어요.

28주

엄마는 이 음식이 제일 맛있었어

임신 중에 특별히 먹고 싶던 음식, 맛있게 먹은 음식 등을 적어보세요. 어쩌면 아기가 먹고 싶어 한 음식일 수도 있어요. 나중에 아이에게 이 페이지를 보여주면서 그 음식을 함께 먹을 수도 있겠죠?

이럴 때는 병원에서 진찰을 받아야 해요

★ 임신 기간에는 정기적으로 의사의 진찰과 상담을 받아야 합니다

- 임신 7개월까지는 한 달에 한 번
- 8, 9개월에는 한 달에 두 번
- 임신 10개월(막달)에는 매주 한 번씩

★ 임신 중 다음과 같은 일이 발생하면 즉시 병원을 찾으세요

- 하혈(자궁출혈)이 있을 때와 대하(냉)가 심할 때
- 배가 아플 때
- 손발이나 얼굴 또는 전신에 부기가 생길 때
- 소변량이 줄고 갑자기 체중이 증가하면서 몸이 무거울 때
- 두통이 있고 눈이 침침할 때
- 양막(태아와 양수를 둘러싼 얇은 막)이 터지면서 맑은 물이 갑자기 쏟아질 때
- 태아의 위치에 이상이 있을 때
- 태동이 없어졌을 때
- 배가 꺼지는 것 같을 때

- 출산의 징조가 있을 때
- 예정일이 지났을 때
- 출산 후 1주일과 6주일이 지났을 때
- 기타 전신 질환이 생겼을 때

목소리를 들려주세요

지금 우리 아기는 무럭무럭 자라서 체중이 많이 늘어났어요. 엄마와 아빠의 목소리도 구별할 수 있어요. 아기가 귀를 기울이고 있으니 엄마와 아빠가 이야기를 많이 해줘야겠죠?

아이의 초음파 사진을 붙여주세요

〈초음파 사진 붙이는 곳〉

병원 간 날 ______ 임신주수 ______ 주

엄마 체중 ______ 혈압 ______

태아 몸무게 ______

태아 발달 상황 ______

의사 선생님이 얘기한 주의사항 ______

______

30주

우리 아기의 모습을 상상해보세요

외모, 성격 등 엄마 아빠와 닮았으면 하는 것들을 모두 적어주세요. 이것만은 닮지 않았으면 하는 것도 있으면 함께 적어주세요.

닮았으면 하는 것	닮지 않았으면 하는 것

31주

엄마의 꿈을 말해주세요

엄마의 꿈을 써보세요. 이미 이룬 꿈과 이루지 못한 꿈, 그리고 앞으로 이루고 싶은 꿈까지. 앞으로 엄마의 꿈은 아이의 꿈과 함께 자랄 거예요.

32주

우리 가족 십계명을 적어요

이제 곧 가족이 늘어나요. 축복 속에 새 가족을 맞으면서 어떤 모습의 가정을 일구고 싶은지 생각해보세요. 그 모습이 되기 위해 어떤 사항을 꼭 지켜야 하는지 십계명으로 정리해보세요.

1. ....

2. ....

3. ....

4. ....

5. ....

6. ....

7. ....

8. ....

9. ....

10. ....

불안한 임신, 어려운 육아를 도와주는 책

어느 날 갑자기 임산부가 된 당신. 모르는 것 투성이라 불안할 때 도움이 되는 좋은 책들을 소개합니다.

임신 출산 육아 대백과

삼성출판사 편집부(엮은이) | 삼성출판사 | 18,500원

임신에 대한 기초 정보부터 개월 별로 임산부의 신체변화를 정확하게 설명해준다. 건강한 임신 생활과 안전한 분만 정보, 산후조리 가이드는 물론 신생아를 키우는 방법까지 육아 정보를 단계별로 구성해 찾아보기 편리하게 되어 있다. 또한 놓치기 쉬운 예방 접종 스케줄, 생후 36개월까지의 신체 성장 표준치 등 필수 육아 정보 리스트를 2018년 6월 기준으로 모두 업데이트한 2019년 전면개정판이다.

베이비 위스퍼 골드

트레이시 호그, 멜린다 블로우(지은이), 노혜숙(옮긴이), 김수연(감수)
세종서적 | 19,500원 | 원제 The Baby Whisper Solves All Your Problems

20년 간 5,000명 이상의 아기 보육 경험에서 터득해온 전문 유모의 비법을 소개한 책. 신생아부터 4세까지 유아 발달 단계 전부를 한 권으로 정리했다. 아기를 존중하는 저자의 육아원칙과 함께 월령/연령별로 자세한 육아법을 수록하고, 상황별로 많은 사례를 들어 실전에 도움이 되도록 했다.

삐뽀삐뽀 119 소아과

하정훈(지은이) | 유니책방 | 29,800원

1997년 초판 출간 이래 오랜 시간 동안 아기 키우는 집의 필수품으로 자리 잡은 책이다. 아이를 키우는 부모들에게 꼭 필요한 소아청소년과 지식 및 육아 지침을 증상별, 테마별로 전달해준다. 아이들이 자주 걸리는 질환과 예방법, 응급조치법 등 의학 지식과 수면 교육, 이유식, 성장과 발달 등 육아 문제를 총망라했다.

아기 성장 보고서

EBS 아기성장보고서 제작팀(지은이) | 예담 | 16,800원

EBS 특별기획 다큐멘터리 〈아기성장 보고서〉를 엮은 책이다. 다큐멘터리에 소개된 정보와 내용을 기본으로 방송으로 담지 못했던 정보와 이야기들을 추가했다. 아기의 탄생과 운동발달 및 감각세계, 아기의 인지발달 과정, 부모와 아기의 애착 관계, 아기들의 경이로운 언어습득능력을 파헤친다. 책 말미에 아이의 성장과정을 직접 체크, 기록할 수 있는 우리 아기를 위한 맞춤 성장 일기인 '아기 성장 일기'를 수록한 것은 덤이다.

엄마의 말 공부: 기적 같은 변화를 불러오는 작은 말의 힘

이임숙(지은이) | 카시오페아 |14,000원

15년간 2만 시간 동안 아이와 부모를 상담한 저자의 핵심비법을 담은 책이다. 아동·청소년 상담사인 저자는 모든 아이에게 효과적이면서도 모든 엄마가 쉽게 할 수 있는 방법을 고민하다 비용도 노력도 가장 적게 들지만 가장 효과가 큰 것이 '엄마의 말'이라는 점에 착안해 이 책을 집필했다. 이 책은 아이의 나이나 성향에 상관없이 모든 아이에게 통하는, 아이가 행동에 변화를 일으킬 수 있는 '5가지 엄마의 말'을 알려준다.

33주

뱃속 아기에게 노래 불러주기

뱃속에 있는 아기에게 노래를 불러주는 것은 어떨까요? 어떤 노래를 불렀는지, 아이가 어떤 반응을 보였는지 글로 써보세요. 아빠가 노래를 불러주는 사진을 함께 붙여도 좋겠지요?

아기도 꿈을 꾼대요

모든 신체 기관이 성숙해지고, 대부분 머리를 아래로 향한 채 있어요. 입맛을 다시면서 먹고 싶다는 표현도 할 만큼 표정이 풍부해져요. 잠자는 동안 꿈도 꾼답니다.

아이의 초음파 사진을 붙여주세요

〈초음파 사진 붙이는 곳〉

병원 간 날 ________ 임신주수 ________ 주

엄마 체중 ________ 혈압 ________

태아 몸무게 ________

태아 발달 상황 ________

의사 선생님이 얘기한 주의사항 ________

____

35주

아가야, 엄마는 너를 이렇게 사랑할 거야

엄마의 다짐을 글로 써주세요. 그리고 때때로 이 노트를 꺼내서 지금의 다짐을 되살리는 거예요. 그러면 아이를 사랑하고, 아이에게 사랑받는 최고의 엄마가 될 수 있어요.

36주

좋은 글만 보고 좋은 것만 보렴

책이나 방송을 통해 본 글귀 중에 아기에게 들려주고 싶은 것이 있다면 적어보세요. 그리고 부드럽게 배를 쓰다듬으면서 아기에게 읽어주세요. 아기가 고개를 끄덕이는 게 느껴지나요.

★ 출산의 징조

- 불규칙한 가벼운 복통이나 요통 등의 진통이 나타나고, 점차 규칙적으로 되풀이됩니다.
- 아기의 머리가 밑으로 내려가 방광을 압박하므로 소변이 잦아집니다.
- 태동이 줄어들고 아이가 조용해집니다(태아 가사 상태와 감별 요함).
- 답답하던 위 주위와 가슴이 편안해집니다.

★ 출산의 시작

- 진통: 처음에는 20~30분 간격으로 10~20초간 지속됩니다. 그러다가 진통과 진통 사이의 간격이 점점 줄어들어 10분에 1회 정도가 되면 본격적인 진통이 시작됩니다.
- 이슬: 피가 섞이고 끈적끈적한 점액 성분의 분비물이 나옵니다. 이슬은 진통과 반드시 일치하지는 않으며, 진통 전에 이슬이 시작되는 경우도 많습니다.
- 파수: 출산이 임박했음을 알리는 신호입니다. 따뜻한 물과 같은 액체가 질을 통해 흘러나오는 현상으로 양막이 파열되었다는 증거입니다. 진통이나 이슬이 없는 상태에서 파수가 일어나면 즉시 병원에 가야 합니다.

★ 분만 예정일이 지났을 때

출산 예정일은 예정일을 중심으로 전후 2주간은 정상 범위입니다. 하지만 2주가 넘어가면 즉시 진찰을 받아야 합니다.

★ 출산 입원 시 준비물

건강보험증, 엄마 팬티(대) 2~3장, 엄마 패드, 아기 속싸개 1장, 아기 겉싸개 1장, 배냇저고리 1장, 타올, 산모수첩, 크리넥스, 세면도구

아기는 세상에 나올 준비를 해요

아기는 몸을 뒤덮고 있던 솜털이 거의 사라지고 어깨, 이마 등에만 조금 남아 있어요. 엄마가 배냇저고리를 준비하듯이 아기도 서서히 세상에 나올 준비를 하는 중이에요. 얼마 남지 않은 임신 기간, 아기를 만날 그날을 기대하며 최대한 행복하게 보내세요.

아이의 초음파 사진을 붙여주세요

〈초음파 사진 붙이는 곳〉

병원 간 날 ______________________ 임신주수 ______________________ 주

엄마 체중 ______________________ 혈압 ______________________

태아 몸무게 ______________________

태아 발달 상황 ______________________

의사 선생님이 얘기한 주의사항 ______________________

____

출산 준비물을 점검해보세요

★ 의류

배냇저고리 5, 내의 3~5, 우주복 1~2, 손싸개 · 발싸개 2, 속싸개 2, 겉싸개 2,
블랭킷 3~6, 턱받이 3~5, 손수건 20, 기저귀 1박스

★ 침구류

아기 침대, 방수요, 아기 이불 세트, 짱구 베개, 목 쿠션

★ 수유용품

젖병, 젖꼭지, 노리개 젖꼭지, 젖병 집게, 젖병 건조대, 젖병 솔,
수유 쿠션, 수유 패드, 수유 티, 수유 브라, 모유 저장팩

★ 세탁세제

젖병 세정제, 삶기 전용 세제, 아기 전용 섬유세제, 아기 전용 섬유유연제

★ 목욕용품 · 위생용품

욕조 · 등받이, 바스타월, 바스&비누, 로션, 수딩크림(파우더), 아기 칫솔, 구강세정제, 체온계, 온습도계, 손톱가위, 신생아 면봉, 배꼽 소독약, 물티슈

★ 외출용품

유모차, 기저귀 가방, 기저귀 패드, 아기띠, 카시트

★ 산모용품

산모 패드, 손목·발목 보호대, 산모 내의와 양말, 산모 방석, 튼 살 크림

39주

네가 있어 엄마는 행복했단다

이제 아기가 세상에 나올 날이 며칠 남지 않았어요. 임신 기간에 행복했던 일들을 모두 기록해보세요. 처음 초음파 사진을 봤던 때의 설렘부터 태동을 처음 느낀 순간, 그리고 이제는 매우 활발해진 아기의 움직임까지 모든 순간이 행복하지 않았나요?

40주

아가야, 빨리 보고 싶구나

곧 만나게 될 아기에게 사랑의 편지를 써보세요. 아기가 세상에 나오는 순간부터 아마도 한동안은 정신없는 날들이 이어질 거예요. 그때는 차분히 앉아 아기에게 편지를 쓸 여유가 없을지도 몰라요. 그러니 지금 사랑을 듬뿍 담아 써두는 거예요. 가끔씩 들여다보면서 미소 지을 수 있도록 말이에요.

★ 엄마 아빠의 못다 한 이야기

아기에게 못다 한 이야기들을 여기 적어주세요. 형식도 필요 없고 논리가 맞지 않아도 돼요. 그림으로 그려도 좋고요. 왜냐하면 지금 엄마 아빠는 아기를 만날 생각에 머릿속이 꽉 차서 몹시 흥분한 상태일 테니까요. 사랑이 최고조에 이른 지금 이 순간, 그 느낌을 여기에 기록으로 남겨주세요.

<40주의 속삭임> 별책부록

엄마 아빠가 함께 쓰는 태교일기
40주의 기다림

초판 1쇄 발행 2018년 10월 5일
글 김현경
그림 국형원

펴낸이 민혜영 | **펴낸곳** (주)카시오페아 출판사
주소 서울시 마포구 월드컵북로 42다길 21(상암동) 1층
전화 02-303-5580 | **팩스** 02-2179-8768
홈페이지 www.cassiopeiabook.com | **전자우편** editor@cassiopeiabook.com
출판등록 2012년 12월 27일 제2014-000277호
외주편집 공순례

ISBN 979-11-88674-26-8 03590

이 도서의 국립중앙도서관 출판시도서목록 CIP은 서지정보유통지원시스템 홈페이지(http://seoji.nl.go.kr와 국가자료공동목록시스템 http://www.nl.go.kr/kolisnet에서 이용하실 수 있습니다.
CIP제어번호: CIP2018028556